普通高等学校"十四五"规划机械类专业精品教材

单片机原理及应用

主　编　王小丽
副主编　樊　琛　闫菲菲　唐明波

华中科技大学出版社
中国·武汉

内容简介

本书总共分为9章,硬件方面介绍了MCS-51单片机最小系统的结构、定时器、计数器、中断系统、串行通信技术,以及接口技术;软件方面介绍了C51语言和指令;开发工具方面介绍了Proteus和Keil C51。本书的创新点是简化了其他同类书篇幅较大的原理描述部分,以必需、够用为度,加强了应用部分的内容;对开发工具的应用做了详细介绍,达到了所见即所得的效果。学生通过学习,可以学会硬件开发和软件调试,并进行有效的仿真。为了加强实践应用,书中以例题形式给出了多个实用的例子,从硬件设计到软件编写,直至加载仿真,即学即会。本书每章附有学习用PPT、学习用视频,以及每个实验用的硬件设计和软件程序编制、编译、加载仿真过程和结果,扫码即可获取。

本书适合作为高等院校电子信息工程、计算机科学与技术等相关专业的教材,也可作为从事单片机应用开发的工程技术人员的参考书,还可供有兴趣的读者自学使用。

图书在版编目(CIP)数据

单片机原理及应用 / 王小丽主编. -- 武汉:华中科技大学出版社,2024.9. -- ISBN 978-7-5772-1293-7

Ⅰ.TP368.1

中国国家版本馆CIP数据核字第2024B4J417号

单片机原理及应用　　　　　　　　　　　　　　　　　　　　　　王小丽　主　编

Danpianji Yuanli ji Yingyong

策划编辑:张少奇	
责任编辑:罗　雪	
封面设计:原色设计	
责任监印:朱　玢	
出版发行:华中科技大学出版社(中国·武汉)	电话:(027)81321913
武汉市东湖新技术开发区华工科技园	邮编:430223
录　　排:武汉三月禾文化传播有限公司	
印　　刷:武汉市洪林印务有限公司	
开　　本:787mm×1092mm　1/16	
印　　张:8.25	
字　　数:214千字	
版　　次:2024年9月第1版第1次印刷	
定　　价:29.80元	

前　言

随着科技的飞速进步和微电子技术的日新月异,单片机作为一种高度集成化的微型计算机系统,已广泛应用于工业控制、医疗设备、家电控制等多个领域。单片机集成了中央处理器(CPU)、内存、输入/输出接口和其他外围设备,通过微处理器的核心技术实现了强大的计算和控制功能。

单片机的发展和应用,不仅推动了相关领域的技术革新,也提高了产品的性能。例如:在工业控制过程中,单片机以其高速、低功耗和低成本的特点,满足了系统对速度、功耗及成本等不断提高的要求;在医疗设备领域,单片机通过其强大的处理能力实现了医疗设备的监测、控制和数据处理功能,极大地提高了医疗设备的可靠性等性能;在家电控制领域,单片机也发挥着重要作用,实现了家用电器的智能控制,改善了用户的使用体验。

本书旨在全面、系统地介绍单片机的原理、结构、编程及应用技术。我们将从单片机的基本原理出发,深入探讨其内部结构、工作原理和编程方法;同时,结合实际应用案例,介绍单片机在各个领域的应用技术,帮助读者更好地理解和掌握单片机的应用技能。

本书具有以下特点:

(1)内容简洁实用。本书从应用角度组织内容,略去了过多的原理描述,以必需、够用为度,加强了应用部分的内容。

(2)理论联系实际。作者有工程背景,加上多年的一线教学和科研经验,经历了工程应用开发的全过程,所介绍的开发过程直接有效,使得读者可以节省时间,提高效率。

(3)资料齐全。本书内容丰富,有关键知识点的PPT,有讲解视频,有引领读者的实验操作,可使读者尽快领悟、掌握单片机原理及其应用技术。

(4)适用性广。本书适合作为高等院校电子信息工程、计算机科学与技术等相关专业的教材,也可作为从事单片机应用开发的工程技术人员的参考书,还可供有兴趣的读者自学使用。

本书由王小丽、樊琛、闫菲菲、唐明波编写。其中王小丽编写第1、2、3、5、6、9章和附录部分,樊琛编写第4、7、8章,闫菲菲审核全书,唐明波制作视频。

在本书编写过程中,我们参考了同行专家的教材和资料,尽力列举但难免有遗漏之处,在此对所引用文献的作者表示衷心的感谢。

由于编者水平有限,书中难免存在不妥之处,欢迎读者批评指正。

如有建议,敬请留言于1504138059@qq.com.

编　者

2024年4月

目　　录

第1章　单片机的认识与了解

本章主要介绍单片机的外观、单片机的封装形式、单片机的引脚功能及使用方法。

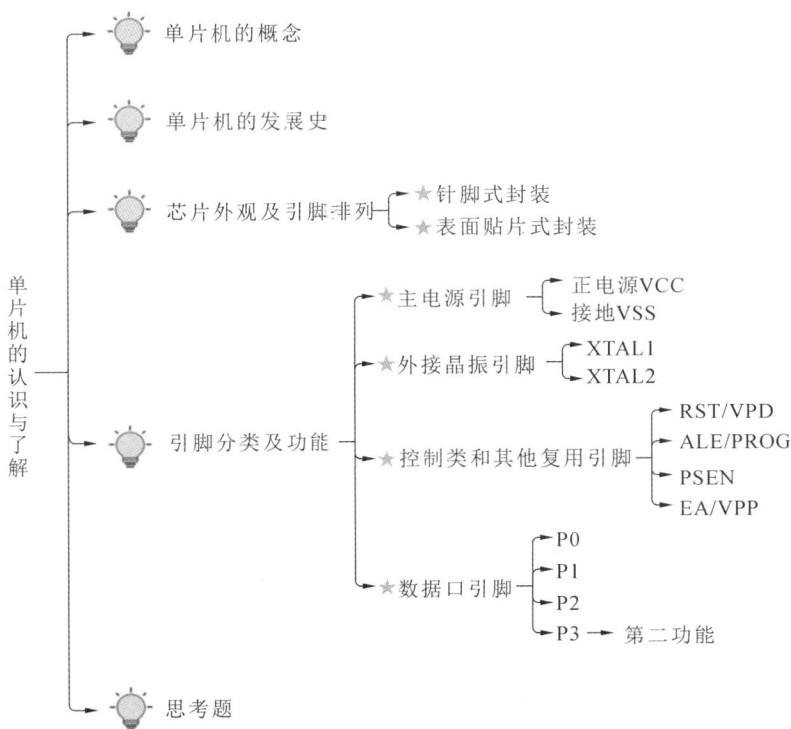

```
                    ┌─ 💡 单片机的概念
                    │
                    ├─ 💡 单片机的发展史
                    │
                    │                         ┌─ ★ 针脚式封装
                    ├─ 💡 芯片外观及引脚排列 ─┤
                    │                         └─ ★ 表面贴片式封装
                    │
单                  │                         ┌─ ★ 主电源引脚 ──┬─ 正电源VCC
片                  │                         │                  └─ 接地VSS
机                  │                         │
的                  │                         ├─ ★ 外接晶振引脚 ─┬─ XTAL1
认 ─────────────────┤                         │                   └─ XTAL2
识                  │                         │                              ┌─ RST/VPD
与                  │                         │                              │─ ALE/PROG
了                  ├─ 💡 引脚分类及功能 ─────┤─ ★ 控制类和其他复用引脚 ──┤─ PSEN
解                  │                         │                              └─ EA/VPP
                    │                         │
                    │                         │                  ┌─ P0
                    │                         │                  │─ P1
                    │                         └─ ★ 数据口引脚 ───┤─ P2
                    │                                            └─ P3 ── 第二功能
                    │
                    └─ 💡 思考题
```

视频教程

单片机的认识与了解

1.1　单片机的概念

单片机是把CPU、定时/计数器、只读存储器、随机存取存储器、各种输入/输出(I/O)接口及中断系统集成在一个芯片上,从而构成的一个小而完善的微型计算机系统。单片机有很多优点,比如集成度高、体积小、质量轻、可靠性高、功耗和电压很低、价格低,等等,非常适合实际应用。

图1-1是单片机的内部结构示意图。

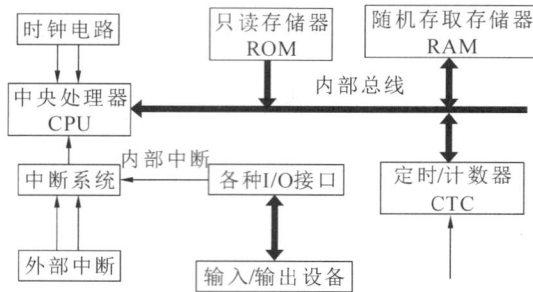

图 1-1　单片机内部结构示意图

1.2　单片机的发展史

单片机在发展的过程中经历了四个阶段的演变。

第一阶段(1976—1978 年)是单片机的探索阶段,以 Intel 公司的 MCS-48(见图 1-2)为代表,主要用于工控领域。这个系列的单片机内集成了 8 位 CPU、I/O 接口、8 位定时/计数器,寻址范围不大于 4 K 字节,具有简单的中断功能,无串行接口。

第二阶段(1978—1982 年)是单片机的完善阶段。这一阶段推出的单片机功能有较大的提升,能够应用于更多的场合,普遍带有 I/O 接口,有多级中断处理系统、16 位定时/计数器,片内集成的 RAM、ROM 容量加大,寻址范围可达 64 K 字节。这一类单片机的典型代表有 Intel 公司的 MCS-51(见图 1-3)和 Zilog 公司的 Z80(见图 1-4)等。

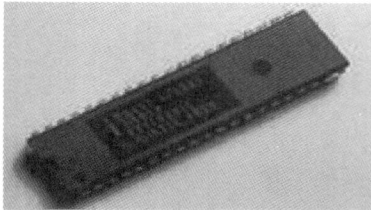

图 1-2　MCS-48 芯片外观

图 1-3　MCS-51 芯片外观

图 1-4　Z80 芯片外观

第三阶段(1982—1990 年)是 8 位单片机的巩固及 16 位单片机的推出阶段,也是单片机向微控制器发展的阶段。Intel 公司推出的 MCS-96 系列单片机,将一些用于测控系统的模数转换器、程序运行监视器、脉宽调制器等纳入片中,体现了单片机的微控制器特征。

第四阶段(1990年之后)是单片机的全面发展阶段。随着单片机在各个领域全面深入地发展和应用,高速、大寻址范围、强运算能力的8位/16位/32位通用型单片机,以及小型廉价的专用型单片机不断涌现。从简单的玩具、小家电,到复杂的工业控制系统、智能仪表、电器控制装置,以及机器人、个人通信信息终靖、机顶盒等,都应用了单片机。

1.3　芯片外观及引脚排列

单片机芯片常见的封装形式如下:

$$单片机芯片常见的封装\begin{cases}针脚式封装(DIP)\\表面贴片式封装(SMD)\end{cases}$$

1.3.1　针脚式封装的双列直插式单片机

这类单片机有40个引脚,呈"U"形排列,从图1-5中可以看到芯片上有一半圆形小缺口及一个小凹点,将单片机按照图示的位置放置,左上角的第一个引脚就是1号引脚,右上角为40号引脚。这种芯片成本较高,一般都用在小批量的实验性的手工焊接产品中。画原理图的时候,可以参考图1-6,画PCB(印制电路板)封装图的时候可以参考图1-7。

图 1-5　实物图

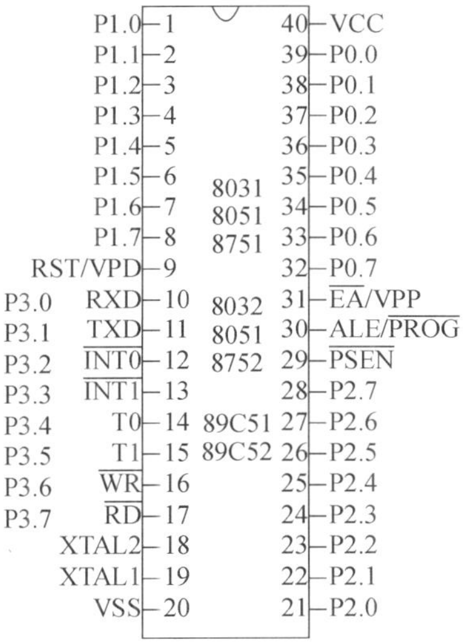

图 1-6　直插式单片机引脚排列图

图 1-7　PCB 封装图

1.3.2　表面贴片式封装的贴片式单片机

这一类单片机的左上角被切除了一个角,有的还会在左上角1号引脚处刻一个圆圈夹加以区分,如图1-8所示。

图1-9为贴片式单片机的引脚排列图,可以看到,它有44个引脚,但是这些引脚排列无规律。图1-10为其PCB封装图。安装这种芯片的时候不必钻孔,将半熔状锡膏倒在PCB上,再把芯片放上去,用热风枪加热,即可将芯片焊接在PCB上。

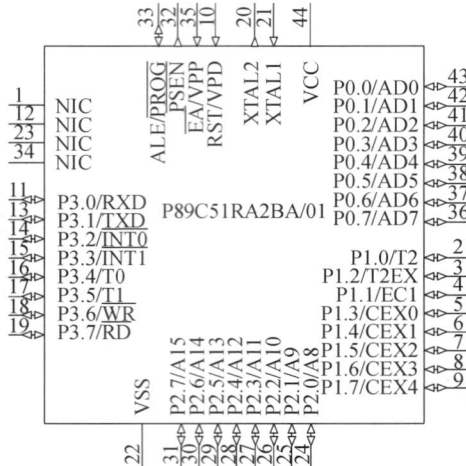

图 1-8　实物图　　　　　　图 1-9　贴片式单片机引脚排列图　　　　图 1-10　PCB 封装图

1.4　引脚分类及功能

单片机引脚比较多,为了方便区分和使用,我们将这些引脚分为四大类:

$$
引脚分类
\begin{cases}
主电源引脚 \\
外接晶振引脚 \\
控制类和其他复用引脚 \\
数据口引脚
\end{cases}
$$

1.4.1　主电源引脚

主电源引脚一般有两类,正电源 VCC 和接地 VSS,占用单片机的 2 个引脚位。双列直插式单片机的 VCC 在 40 号引脚,VSS 在 20 号引脚;贴片式单片机的 VCC 在 44 号引脚,VSS 在 22 号引脚。正常操作时,VCC 应接+5 V 电源。

1.4.2　外接晶振引脚

单片机在工作的时候需要接晶振电路,XTAL1 和 XTAL2 是晶振的接入点,占用单片机 2 个引脚位。双列直插式单片机的 XTAL1 在 19 号引脚,使用的时候要接地;XTAL2 在 18 号引脚,接外部振荡源。贴片式单片机的 XTAL1 在 21 号引脚,使用的时候要接地;XTAL2 在 20 号引脚,接外部振荡源。

1.4.3　控制类和其他复用引脚

1.RST/VPD

双列直插式单片机的 RST/VPD 在 9 号引脚,贴片式单片机的 RST/VPD 在 10 号引脚。RST/VPD 用于复位和备用电源接入。

2.ALE/PROG

双列直插式单片机的 ALE/PROG 在 30 号引脚,贴片式单片机的 ALE/PROG 在 33 号引脚。ALE/PROG 接高电平的时候用于地址锁存,接低电平时候用作可擦除可编程只读存储器(EPROM)的编程脉冲输入。

3.PSEN

双列直插式单片机的 PSEN 在 29 号引脚,贴片式单片机的 PSEN 在 32 号引脚。PSEN 是低电平有效的管脚,接低电平时用于对外部程序存储器选通。

4.EA/VPP

双列直插式单片机的 EA/VPP 在 31 号引脚,贴片式单片机的 EA/VPP 在 35 号引脚。EA/VPP 接高电平时访问内部程序存储器,接低电平时用于对外部程序存储器选通。对于 EPROM 型单片机,那么在其编程期间应加上 21 V 编程电压。

1.4.4 数据口引脚

单片机有四个并行数据口,分别为 F0 口、P1 口、P2 口、P3 口。

P0 口、P1 口、P2 口为双向 I/O 端口,既可作为 8 位数据的输入端,也可作为 8 位数据的输出端。特别提示:如果要访问外部存储器,则 P0 口作为低字节 8 位地址使用,P2 口作为高字节 8 位地址使用。P3 口除了和上面的三个口具有相同的双向数据输入输出功能之外,每位还有特定的第二功能,叫作位控功能,如表 1-1 所示。

表 1-1   P3 口的第二功能

引脚	第二功能	引脚	第二功能
P3.0	RXD(串行输入端口)	P3.4	T0(定时器 0 的计数输入)
P3.1	TXD(串行输出端口)	P3.5	T1(定时器 1 的计数输入)
P3.2	INT0(外部中断 0)	P3.6	WR(外部数据存储器写脉冲)
P3.3	INT1(外部中断 1)	P3.7	RD(外部数据存储器读脉冲)

思 考 题

(1)什么是单片机?

(2)双列直插式和贴片式单片机在封装的时候应注意些什么?

(3)试举几个生活中用到单片机的实例。

第2章　单片机的开发工具

本章主要介绍单片机的开发工具 Proteus 和 Keil C51 的基本操作。通过学习,学生可以使用这两款工具对单片机进行应用开发,完成从硬件原理图绘制、程序编译到仿真的全部操作步骤。

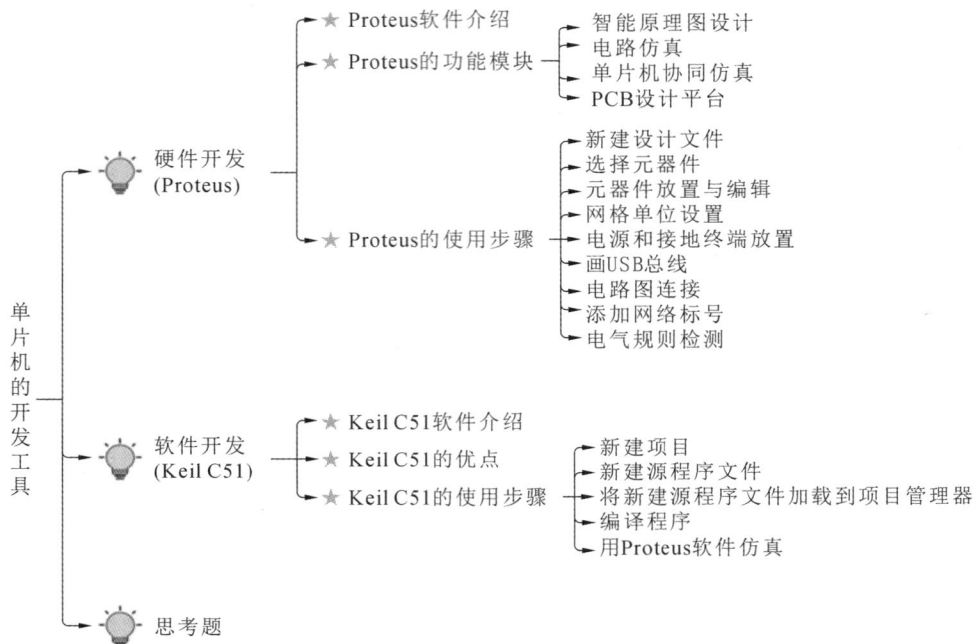

视频教程

硬件开发　　　软件开发

2.1　硬件开发

2.1.1　Proteus 软件介绍

Proteus 是英国 Labcenter Electronics 公司出版的 EDA 工具软件。EDA 是电子设计自动化(electronic design automation)的缩写。EDA 技术是以计算机为工具,在 EDA 软件平台上融合应用电子技术、计算机技术、信息处理及智能化技术的最新成果,用于进行电子产品的自动设计。

　　Proteus 实现了从原理图设计、代码调试到单片机与外围电路协同仿真，一键切换到 PCB 设计，真正实现了从概念到产品的完整设计，是将电路仿真软件、PCB 设计软件和虚拟模型仿真软件结合在一起的设计平台。

2.1.2　Proteus 的功能模块

　　Proteus 有智能原理图设计、电路仿真、单片机协同仿真、PCB 设计平台四大功能模块。

1. 智能原理图设计

　　智能原理图设计功能模块提供丰富的器件库，能够实现智能器件搜索和自动连线，支持总线结构，如图 2-1 所示。

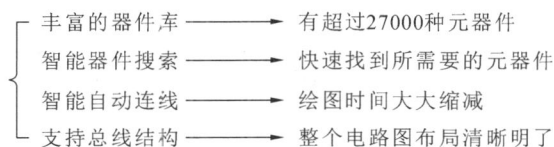

丰富的器件库 ——→ 有超过27000种元器件
智能器件搜索 ——→ 快速找到所需要的元器件
智能自动连线 ——→ 绘图时间大大缩减
支持总线结构 ——→ 整个电路图布局清晰明了

图 2-1　智能原理图设计功能模块

2. 电路仿真

　　Proteus 提供完善的电路仿真功能。电路仿真功能模块包括 ProSPICE 混合仿真、多样的激励源、丰富的虚拟仪器以及高级图形仿真功能等，如图 2-2 所示。

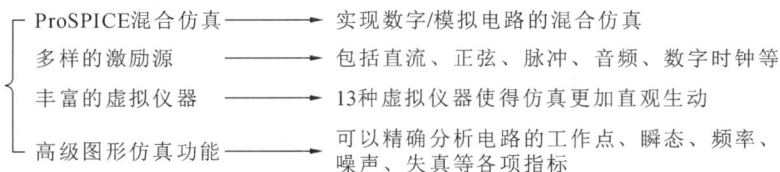

ProSPICE混合仿真 ——→ 实现数字/模拟电路的混合仿真
多样的激励源 ——→ 包括直流、正弦、脉冲、音频、数字时钟等
丰富的虚拟仪器 ——→ 13种虚拟仪器使得仿真更加直观生动
高级图形仿真功能 ——→ 可以精确分析电路的工作点、瞬态、频率、噪声、失真等各项指标

图 2-2　电路仿真功能模块

3. 单片机协同仿真

　　Proteus 提供独特的单片机协同仿真功能。单片机协同仿真功能模块支持主流的 CPU 类型、通用外设模型、实时仿真和编译及调试，如图 2-3 所示。

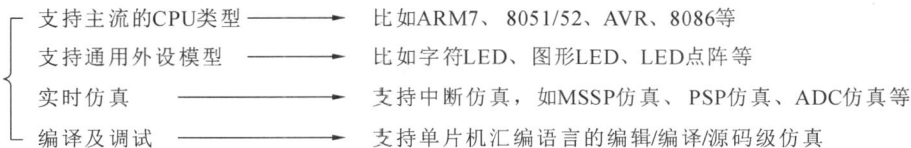

支持主流的CPU类型 ——→ 比如ARM7、8051/52、AVR、8086等
支持通用外设模型 ——→ 比如字符LED、图形LED、LED点阵等
实时仿真 ——→ 支持中断仿真，如MSSP仿真、PSP仿真、ADC仿真等
编译及调试 ——→ 支持单片机汇编语言的编辑/编译/源码级仿真

图 2-3　单片机协同仿真功能模块

4. PCB 设计平台

　　Proteus 提供实用的 PCB 设计平台，该功能模块包括原理图到 PCB 的快速通道、先进的自动布局/布线功能、完整的 PCB 设计功能和多种输出格式，如图 2-4 所示。

原理图到PCB的快速通道 ——————→ 可以一键进入ARES的PCB设计环境

先进的自动布局/布线功能 ——————→ 支持器件的自动/人工布局

完整的PCB设计功能 ——————→ 最多可设计16个铜箔层、2个丝印层、4个机械层

多种输出格式 ——————→ 便于与其他的PCB设计相互转换

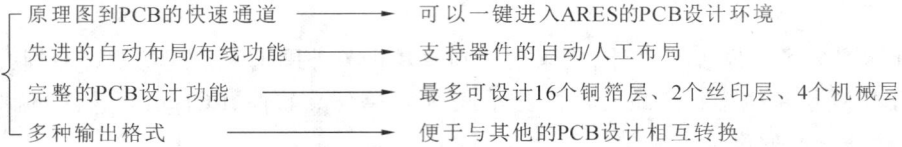

图2-4　PCB设计平台功能模块

2.1.3　Proteus的使用步骤

1.新建设计文件

打开图2-5所示新建设计文件页面,点击"新建工程"或点击新建工程快捷图标(见图2-5中序号1),在弹出的对话框中修改新建工程的名称,点击"浏览"修改储存路径,点击"下一步"直至完成工程图的新建。

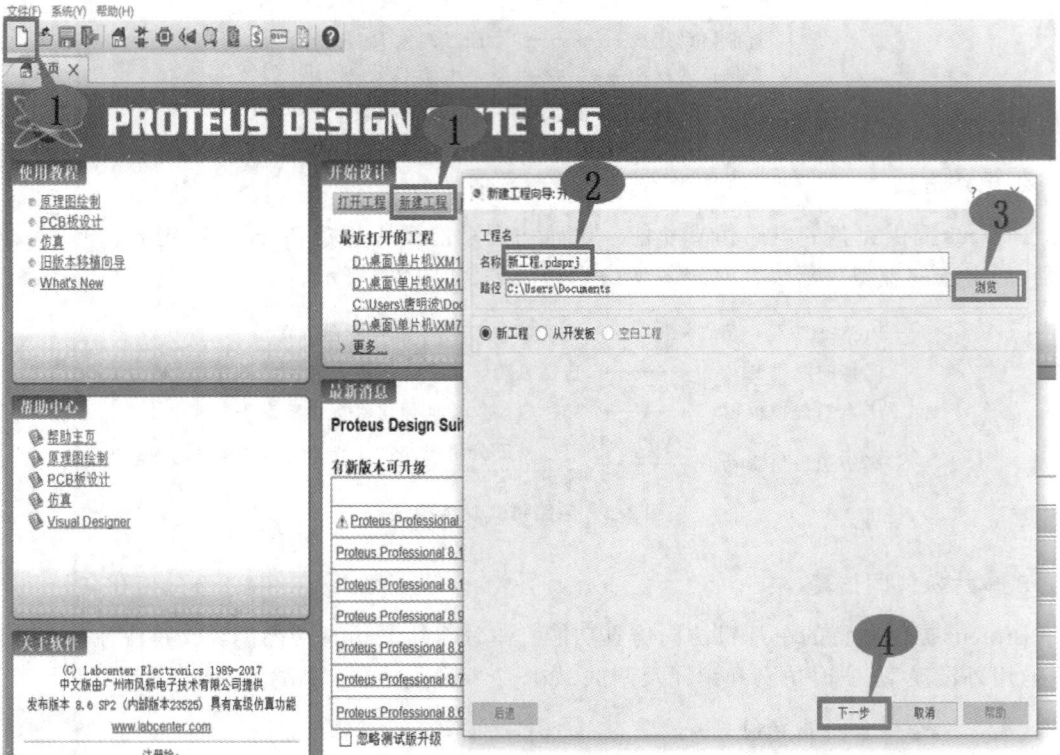

图2-5　新建设计文件页面

2.选择元器件

打开元器件库,在搜索栏搜索相应关键字找到所需要的元器件,例如要找到电阻这个元器件,可以直接在全部类别中找到Resistors(电阻器),也可以直接在关键字栏中搜索"R",如图2-6所示。选中所需要的元器件,点击"确定"。

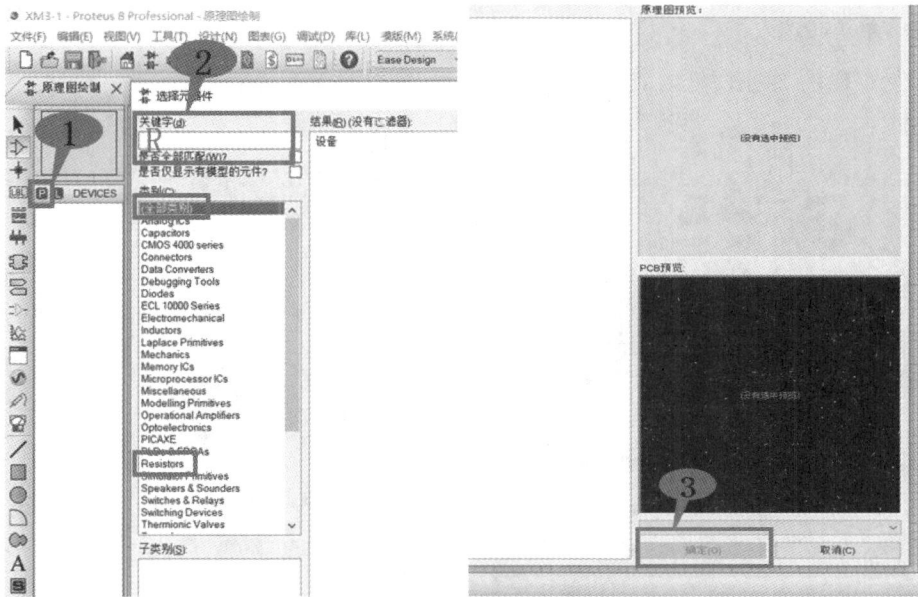

图 2-6 选择元器件

3.元器件放置与编辑

双击鼠标左键将选取的元器件放置在网格中,放置好后用鼠标左键点击选中元器件,再按住鼠标左键拖动就可以将元器件移至任意位置。选中元器件,双击鼠标左键,可以调出"编辑元件"对话框,对元器件的位号进行修改;选中元器件,单击鼠标右键可以对元器件进行删除、旋转、复制等操作,如图2-7所示。

图 2-7 元器件放置与编辑

4.网格单位设置

点击菜单栏的"视图"可以对网格单位进行设置,如图2-8所示。单位越小,移动元器件的精度越高。

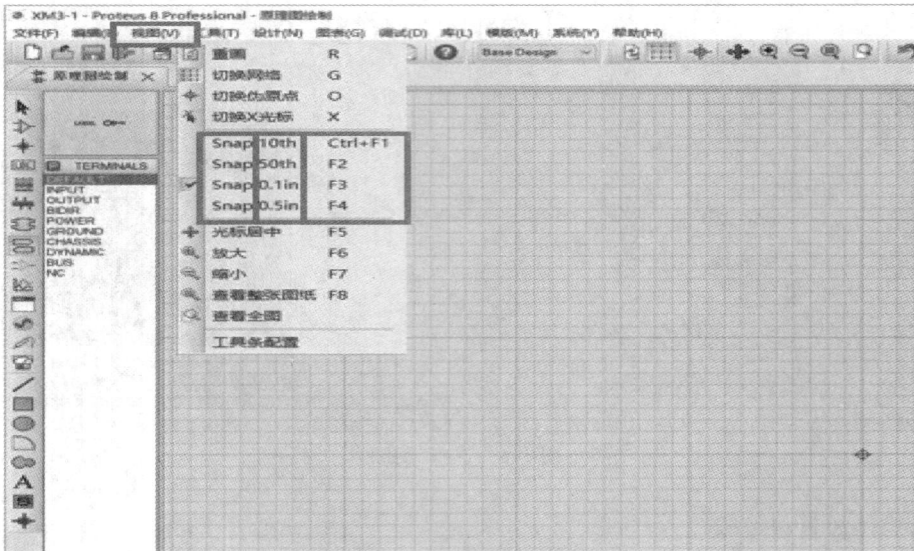

图2-8　网格单位设置

5.电源和接地终端放置

在选择工具栏中选择终端模式,找到电源终端,单击鼠标左键将其选中,在网格中双击鼠标左键就可以将电源终端放在网格中,再次双击鼠标左键就可以对电源终端的字符串进行设置,设置好之后点击"确定",如图2-9所示。同样地,找到接地终端,对接地终端进行放置。

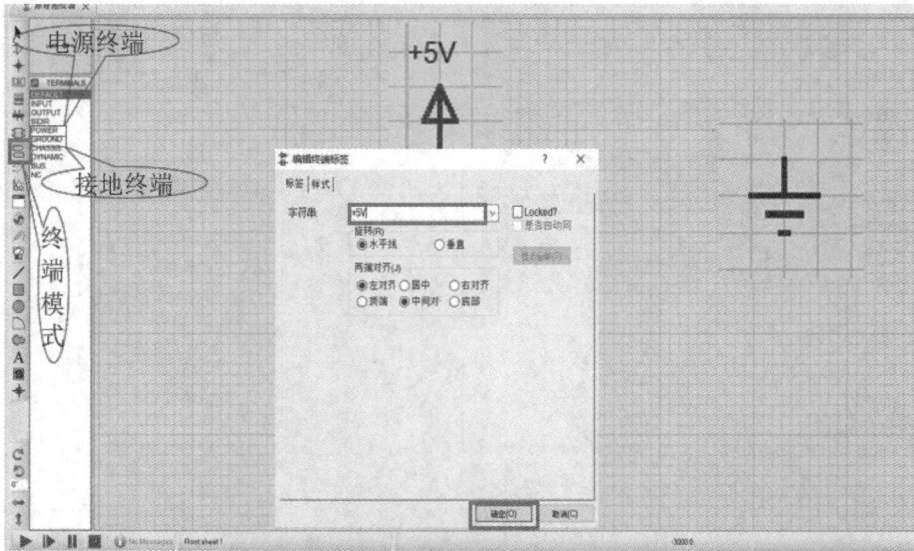

图2-9　电源和接地终端放置

6.画 USB 总线

在选择工具栏中找到总线模式,单击鼠标左键放置总线起点,单击鼠标左键放置拐点,按住 Ctrl 键可以对角画线,双击鼠标左键放置总线终点,如图 2-10 所示。

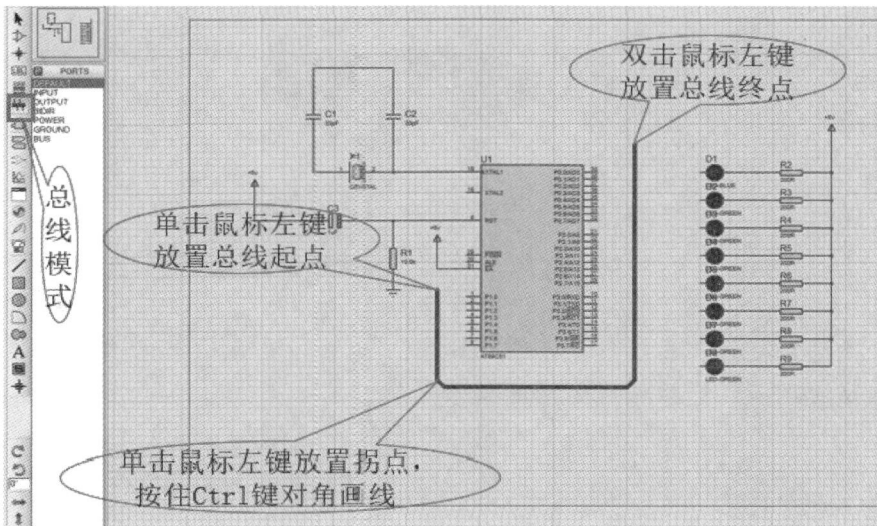

图 2-10　画 USB 总线

7.电路图连接

选择工具栏的选择模式,将光标放在元器件的节点处,单击鼠标左键就可以自动生成连线,如图 2-11 所示。

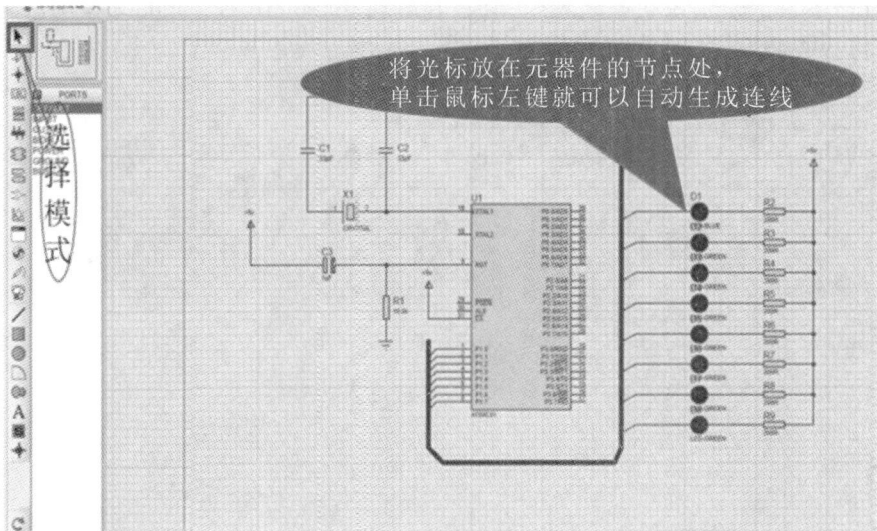

图 2-11　电路图连接

8.添加网络标号

各元器件引脚与单片机引脚通过总线连接并不是真正意义上的电气连接,需要添加网络标号,在仿真时,系统会默认网络标号相同的引脚连接在一起。添加网络标号的时候需要选择工具栏的连线标号模式,点击需要添加标号的连线,就会弹出"编辑连线标号"对话框,设置相应的字符串,点击"确定"就可对连线添加标号,如图2-12所示。需要注意的是,要将同一根总线上的连线连接在一起,就需要对连线设置相同的标号。

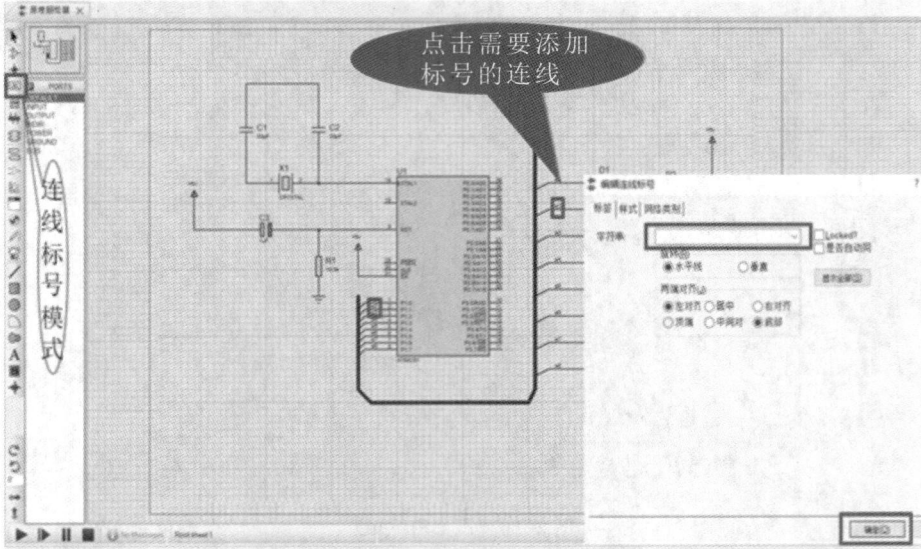

图2-12　添加网络标号

9.电气规则检测

设计完电路图之后,在菜单栏的"工具"里找到"电气规则检测",弹出的对话框中若显示"NO ERC errors found"则说明电气规则无误,若出现"ERC errors found"则说明电气规则有问题,需要进行检查修改,如图2-13所示。

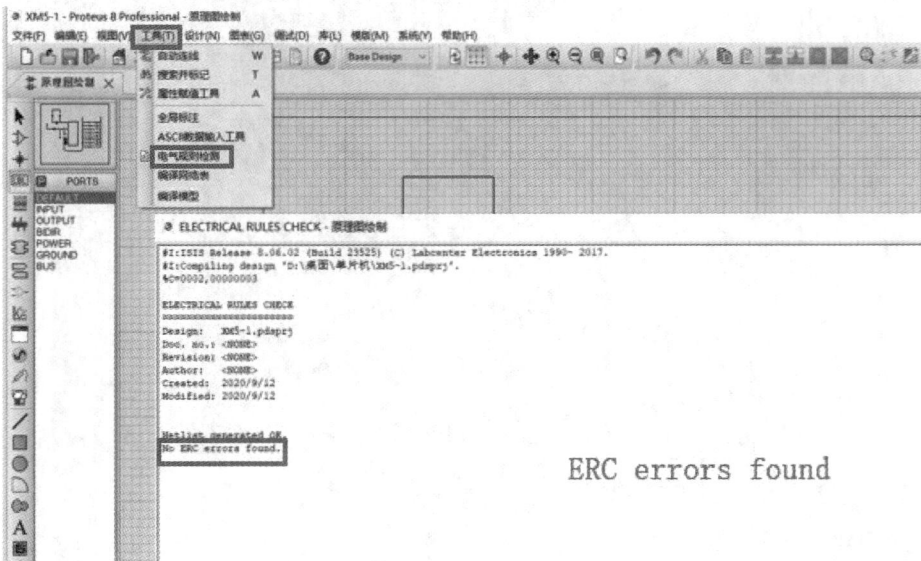

图2-13　电气规则检测

2.2　软　件　开　发

2.2.1　Keil C51软件介绍

Keil C51是德国Keil Software公司出品的51系列兼容单片机C语言软件开发系统。

Keil C51提供了包括C编译器、宏汇编、连接器、库管理和一个功能强大的仿真调试器等在内的完整开发方案,通过一个集成开发环境将这些部分组合在一起,可以完成编辑、编译、连接、调试、仿真等整个开发流程。

集成开发环境是用于提供程序开发环境的应用程序,一般包括代码编辑器、编译器、调试器和图形用户界面等工具。

2.2.2　Keil C51的优点

Keil C51生成目标代码的效率非常高,多数语句生成的汇编代码很紧凑,容易理解,在开发大型软件时更能体现高级语言的优势。

与汇编语言相比,C语言在功能、结构性、可读性、可维护性等方面有明显的优势,因而易学易用。用过汇编语言后再使用C语言,体会将更加深刻。

2.2.3　Keil C51的使用步骤

1.新建项目

打开安装好的软件,点击菜单栏的"Project"(设计)选项,找到"New μVision Project"(新建项目),在弹出的对话框中修改存储位置,修改文件名,如图2-14所示。需要注意的是,有的版本的软件只能输入英文名称,使用系统默认的扩展名,之后点击"保存"。在弹出的对话框中搜索我们所需要的单片机,选中后点击"OK",在弹出的提示框中点击"是"即可完成项目的创建,如图2-15所示。

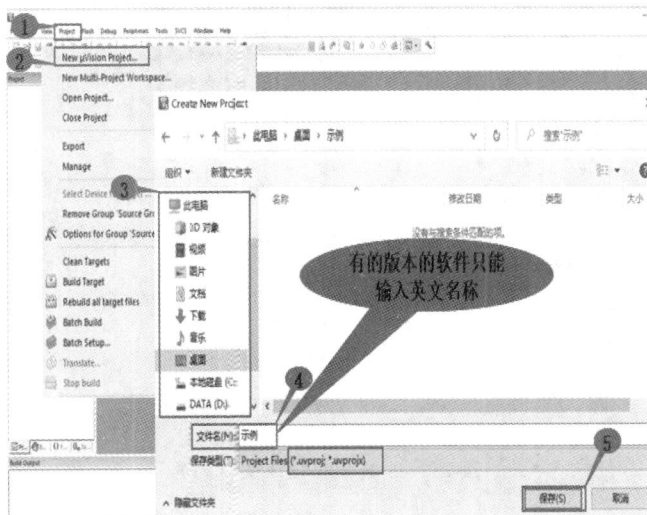

图2-14　新建项目(1)

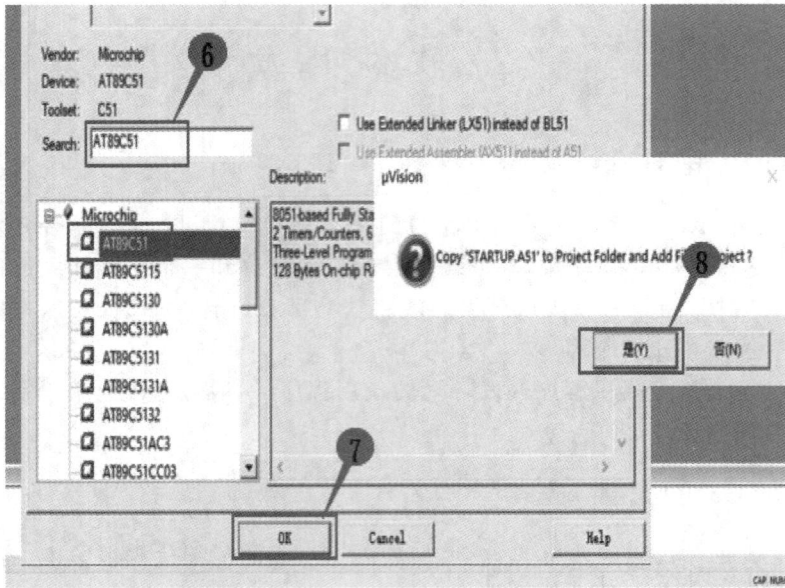

图 2-15　新建项目(2)

2.新建源程序文件

点击菜单栏的"File"(文件)选项下的"New"(新建),新建一个默认名为"Text1"的空白文档,也可以直接点击新建快捷图标完成空白文档的创建,然后在空白文档中输入 C 语言源程序,如图 2-16 所示。然后点击"File"选项下的"Save"(保存),在弹出的对话框中修改文件名,需要特别注意,文件名的后缀".C"必须手动输入,然后点击"保存",如图 2-17 所示。默认保存位置为第一步选择的存储位置。

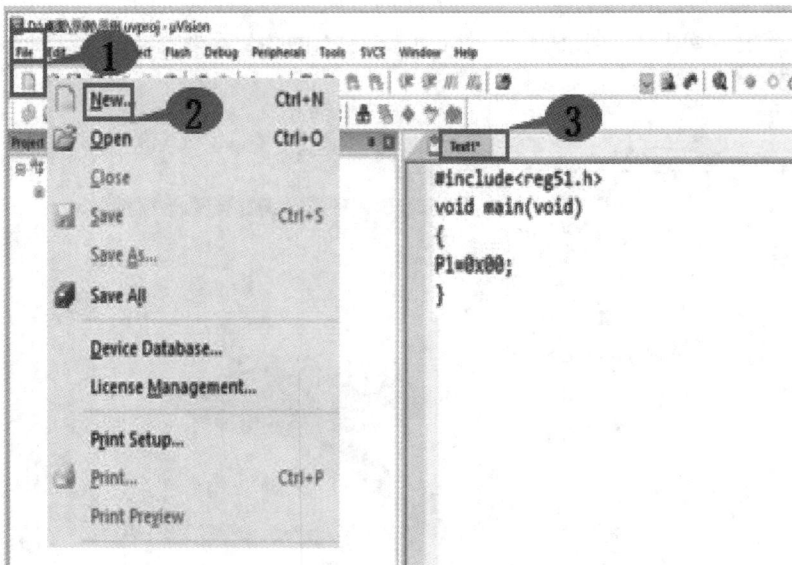

图 2-16　新建源程序文件(1)

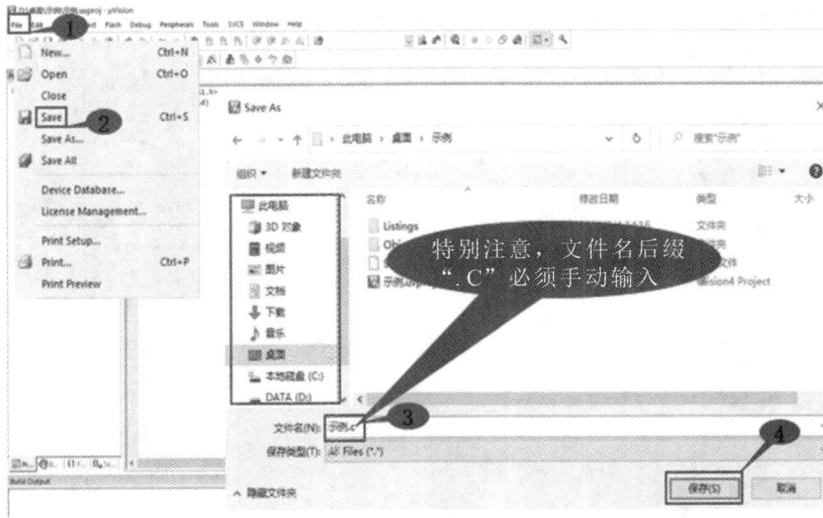

图 2-17　新建源程序文件(2)

3.将新建源程序文件加载到项目管理器

在设计选项栏中点击"Target 1"(目标 1)前面的小加号打开"Source Group 1"(来源群体 1),选中"Source Group 1",单击鼠标右键,打开"Add Existing Files to Group'Source Group 1'"(将现有文件添加到"Source Group 1"中),选择第二步保存好的 .C 文件,点击"Add"(添加)就可以将 C 语言程序加载到项目管理器中,然后关闭这个界面,单击"Source Group 1"前面的小加号就可以查看刚才添加好的源程序,如图 2-18 所示。

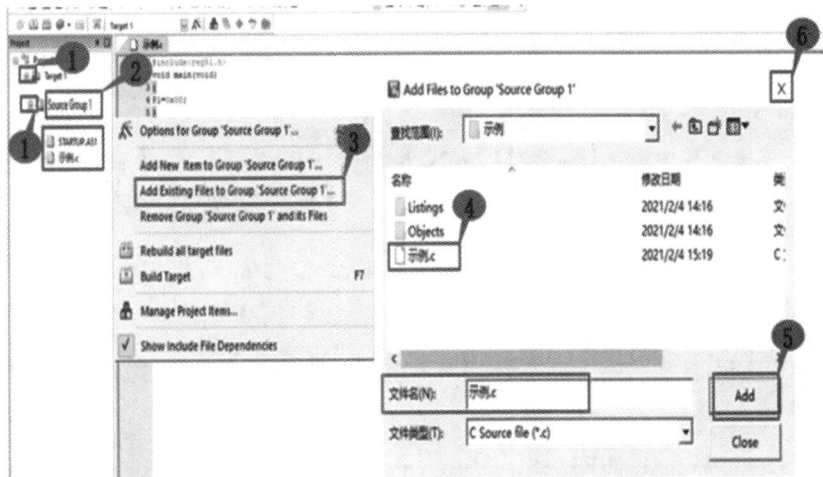

图 2-18　将新建源程序文件加载到项目管理器

4.编译程序

选中"Target 1",单击鼠标右键,打开"Options for Target 'Target 1'"(选择目标),在上方的选项卡里找到"Output",勾选"Creat HEX File",点击"OK",然后点击重建快捷图标(见图 2-19 中序号 6),就可以对源程序进行编译。最下方的通知栏中会显示编译结果,源程序有错误时通知栏中也会有提示。最后在第一步选择的存储位置的 Objects 文件夹下就可以看到编译好的 .hex 文件,如图 2-20 所示。

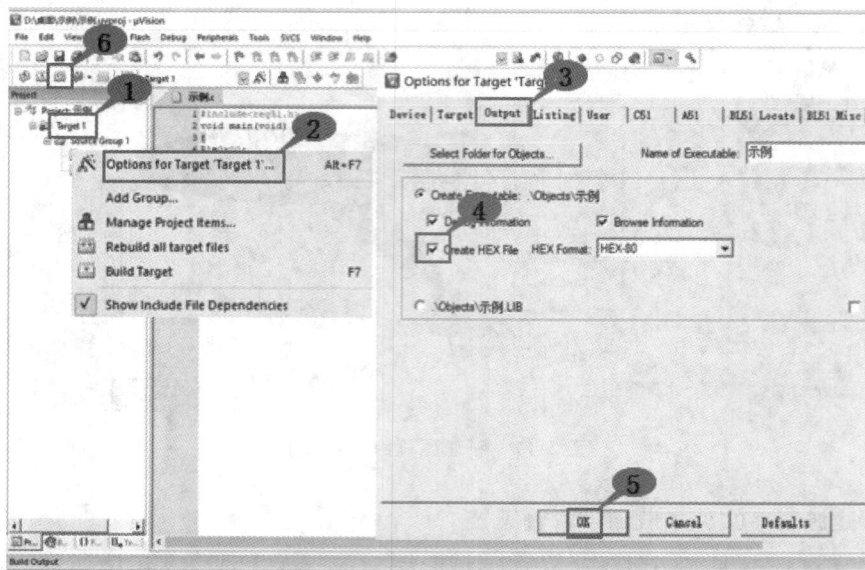

图 2-19　编译程序(1)

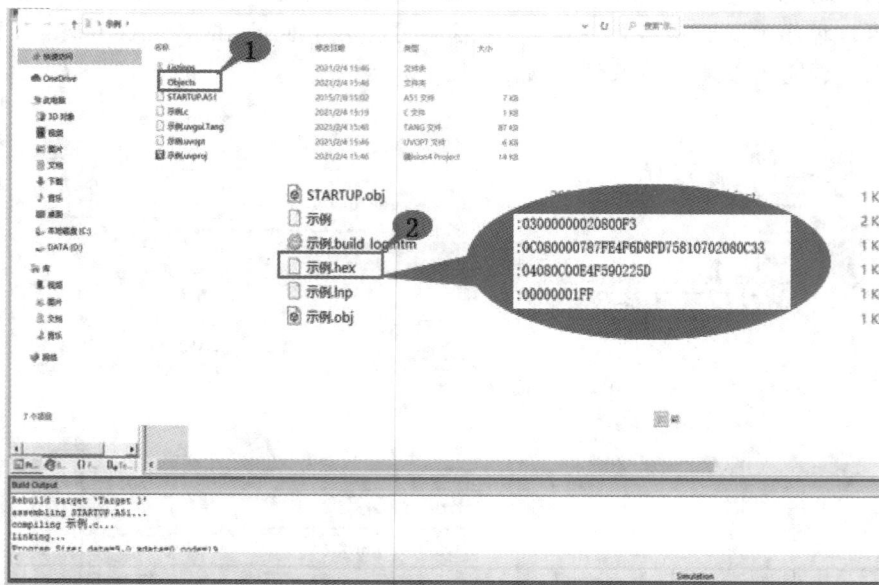

图 2-20　编译程序(2)

5.用 Proteus 软件仿真

打开画好的硬件原理图,选中 AT89C51 单片机,单击鼠标右键,在选项栏中打开"编辑属性",浏览文件夹找到编译好的 .hex 文件,点击"确定",如图 2-21 所示,然后开始仿真。

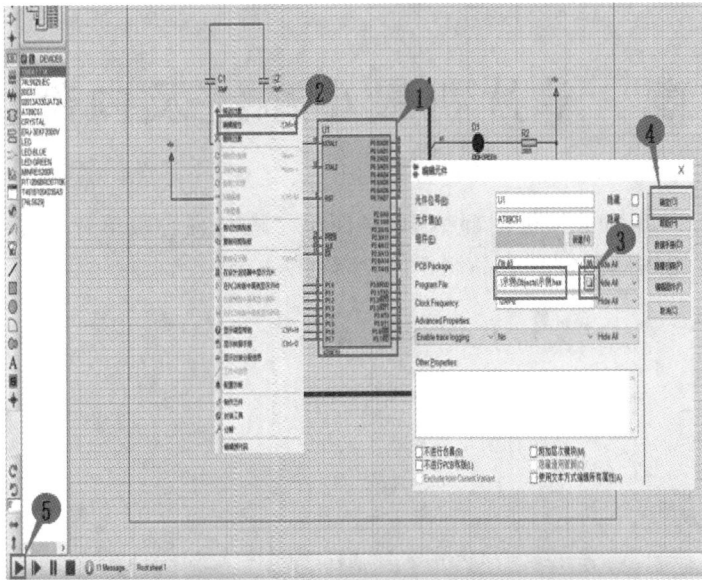

图 2-21　用 Proteus 软件仿真

思　考　题

（1）用于硬件开发的 Proteus 软件有哪些优点？使用过程有哪几步？需要注意些什么？

（2）Keil C51 软件开发步骤有哪些？

（3）Keil C51 除了可以编译 C 语言程序，还可以编译汇编语言程序。简要说明你对汇编语言程序的理解。它和 C 语言程序相比，有什么区别？

第3章　单片机最小系统及内部结构

本章主要学习内容为单片机内部结构、早期单片机和现阶段单片机在结构上的区别,以及如何完成从硬件原理图绘制到成品制作的全部过程。

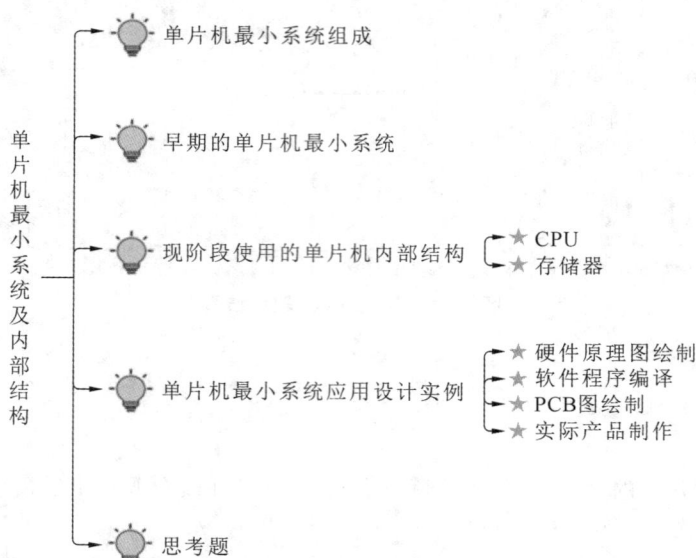

单片机最小系统及内部结构
- 单片机最小系统组成
- 早期的单片机最小系统
- 现阶段使用的单片机内部结构
  - ★ CPU
  - ★ 存储器
- 单片机最小系统应用设计实例
  - ★ 硬件原理图绘制
  - ★ 软件程序编译
  - ★ PCB图绘制
  - ★ 实际产品制作
- 思考题

视频教程

单片机最小系统

3.1　单片机最小系统组成

最小系统是指完成一个任务所需的单片机的基本配置。

单片机的最小系统由芯片外部接上时钟电路(见图3-1)、复位电路(见图3-2)和电源组成。

单片机外部接上振荡器(也可以使用内部振荡器),振荡器提供的高频脉冲经过分频处理后成为单片机内部时钟信号,作为单片机内各部件协调工作的控制信号。

复位的作用就是使程序的指针指向地址0,每个程序都从地址0开始执行,即复位就是让程序从头开始执行。

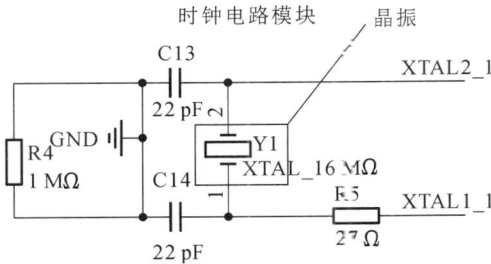

图 3-1　时钟电路　　　　　　　　　　　　**图 3-2　复位电路**

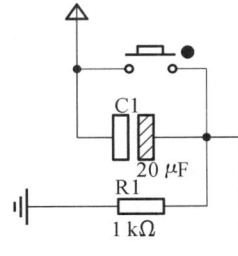

3.2　早期的单片机最小系统

　　早期的数据锁存器和程序存储器还没有被集成到芯片内部,使用的时候要外挂上去。如图 3-3 所示,其中的 74LS373 就是当时常用的数据锁存器,旁边的 IC3 模块就是一块 8 KE 的 EPROM 程序存储器 2764。该程序存储器有 28 个引脚(其中 14、21、28 号引脚图中未画出),分成地址线、数据线和控制线。通常存储容量的计算方法是:存储容量$=2^{地址线根数}$。10 根地址线的存储容量是 1024 B,记为 1 KB,如此计算 1 MB 的容量需要 20 根地址线,1 GE 的存储容量需要 30 根地址线。

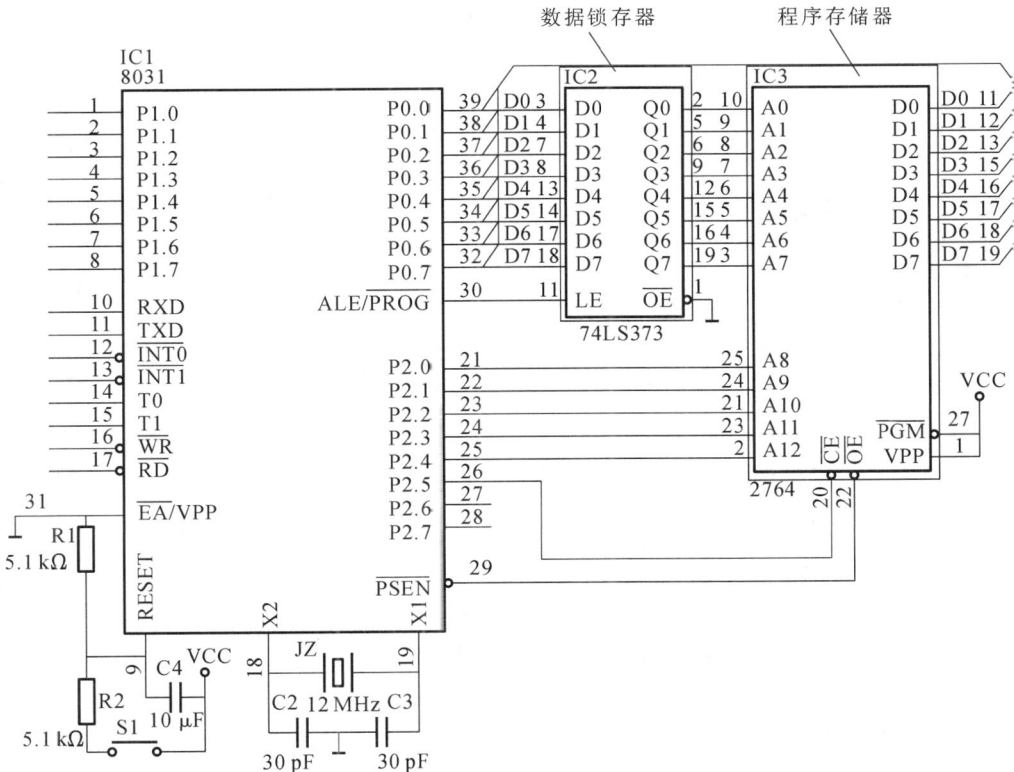

图 3-3　8031 单片机最小系统

3.3　现阶段使用的单片机内部结构

现阶段最常用的单片机就是 AT89C51,它包括一个 8 位的 CPU、一个时钟电路、一个 4 KB 的程序存储器 ROM(可外扩展到 64 KB)、一个 128 B 的数据存储器 RAM(可外扩展到 64 KB)、2 个 16 位的定时/计数器、一个 64 KB 的总线扩展控制器、4 个 8 位并行 I/O 接口,以及一个包含 5 个中断源、2 个优先级的中断系统,还有 40 个引脚。AT89C51 单片机内部结构框图和内部结构详图分别如图 3-4、图 3-5 所示。

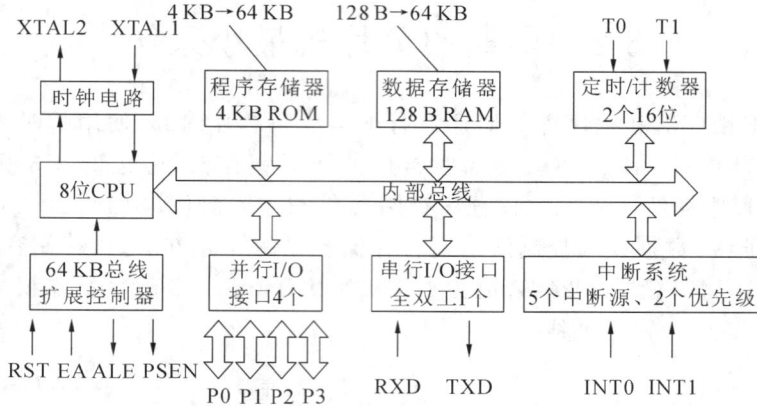

图 3-4　AT89C51 单片机内部结构框图

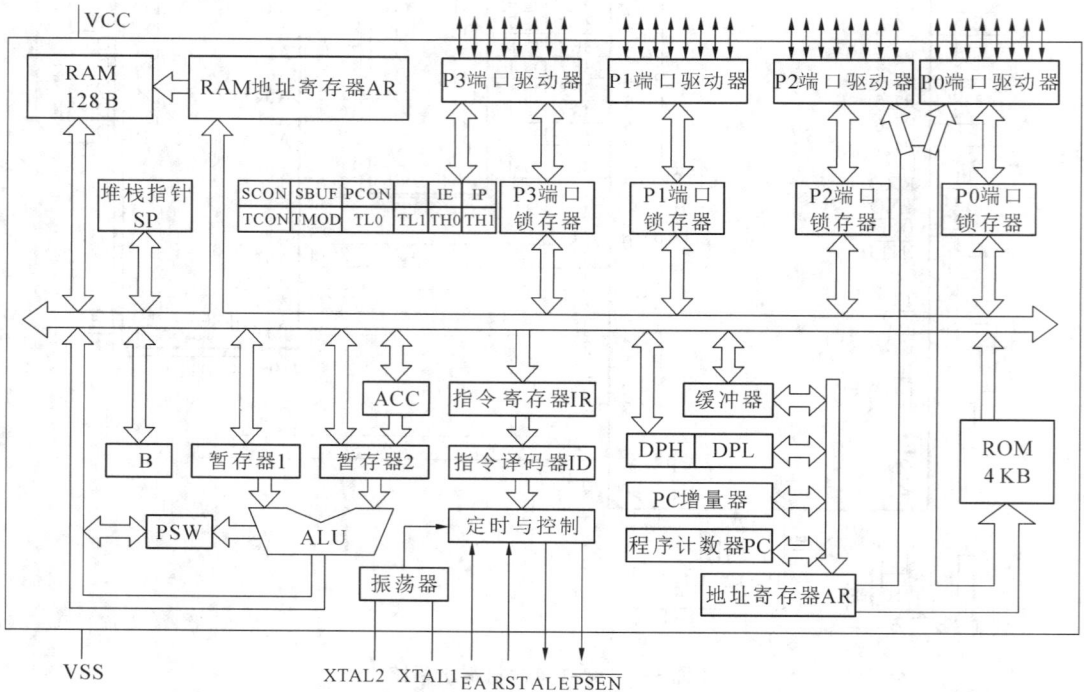

图 3-5　AT89C51 单片机内部结构详图

AT89C51 单片机系统在使用的时候无须配置外部的锁存器和存储器,只需加载应用中所需的元器件即可。AT89C51单片机最小系统如图3-6所示,需要说明的是,为简化表达,本书中的 AT89C51单片机均未画出20、40号引脚。

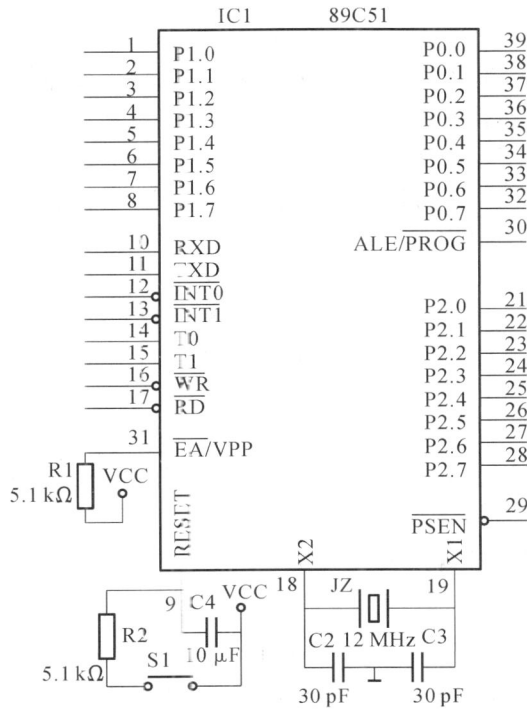

图3-6　AT89C51单片机最小系统

3.3.1　CPU

单片机的CPU由运算器和控制器两部分组成。

运算器以算术运算和逻辑运算单元为核心,由暂存器1、暂存器2、累加器ACC、寄存器B及程序状态寄存器(PSW)组成。它的主要任务是完成算术运算、逻辑运算、位运算、数据传输等操作,运算结果的状态由程序状态寄存器PSW保存。

控制器由程序计数器(PC)、PC增量器、指令寄存器(IR)、指令译码器(ID)、数据指针(DPTR)、堆栈指针(SP)、缓冲器及定时控制电路组成。它的主要任务是完成指挥控制工作,协调单片机各部分正常工作。

3.3.2　存储器

89C51的存储器在物理上称为哈佛结构,它将程序存储器和数据存储器分开。从物理地址空间看,89C51有4个存储器地址空间,即片内数据存储器(简称片内RAM)、片内程序存储器(简称片内ROM)、片外数据存储器(简称片外RAM)、片外程序存储器(简称片外ROM)。

从使用的角度看,存储器又分为3个逻辑空间。

1.片内外统一寻址的64 KB程序存储空间

其地址范围为0000H~FFFFH。在使用的时候分为3种情况:

(1)片内有程序存储器且存储空间够用。

　　8051/8751单片机内有 4 KB 的 ROM/EPROM，4 KB 容量可存储约 2000 条指令，如果小型的单片机控制系统够用就不必另外加扩展，因为扩展外部程序存储器会增大产品体积，并增加成本。

　　（2）片内有程序存储器且存储空间不够用。

　　当控制系统较为复杂，片内程序存储空间不够时，需要扩展外部程序存储空间。扩展的量需要计算一下，用需要的容量减去内部程序存储器容量。常用的芯片容量为 8 KB（2764）、16 KB（27128）、32 KB（27256）、64 KB（27512）。以上是 8 位芯片的容量，如果仍然不够，就选 16 位芯片或者 32 位芯片。确定芯片后，就要算好地址，再将 EA 引脚接高电平，使程序从片内 ROM 开始执行，当程序计数器的值（PC 值）超出片内 ROM 的容量时，单片机会自动从片外程序存储空间读取指令。

　　调试的时候 EA 引脚接低电平，即把要调试的程序放在与片内 ROM 空间重叠的片外 ROM 内进行调试和修改。调好以后分两段存储，再将 EA 引脚接高电平，可运行整个程序。

　　（3）片内无程序存储器。

　　8031 芯片内部无程序存储器，都需要外部扩展 EPROM。外部程序存储空间地址范围为 0000H～FFFFH。在设计时 EA 引脚始终接低电平，使系统只从外部程序存储器中读取指令。一般单片机复位以后，PC 的内容指向 0000H，所以系统从 0000H 单元开始取值，并执行程序，因此通常在此单元中存放一条跳转指令，使程序跳到用户存放的程序始地址中。

2. 片内数据存储器空间

　　片内数据存储器 RAM 的容量只有 128 B，地址范围为 00H～7FH。

　　片内数据存储器 RAM 的 128 B 分为 3 个区域：00H～1FH 为工作寄存器区；20H～2FH 为位寻址区；30H～3FH 为 RAM 数据区。

　　（1）工作寄存器区有 4 个工作寄存器，分别为工作寄存器 0、工作寄存器 1、工作寄存器 2、工作寄存器 3。每个工作寄存器里面又有 8 个寄存器，编号为 R0～R7，如表 3-1 所示。因此各个寄存器有且只有一个地址。

表 3-1　片内数据存储器 RAM 工作寄存器区结构

	工作寄存器 3(R0～R7)	18H～1FH
工作寄存器区	工作寄存器 2(R0～R7)	10H～17H
	工作寄存器 1(R0～R7)	08H～0FH
	工作寄存器 0(R0～R7)	00H～07H

　　那么究竟选哪个寄存器工作呢？这要由特殊功能寄存器的程序状态字 PSW 中的 D4 和 D3 来指示。如表 3-2 所示，这里有两个默认情况：如不设定则默认为第 0 区，它可以快速保护现场；如不设定，同一段程序中的 R0～R7 只能用一次，若用两次，程序会出错。

表 3-2　工作寄存器选择

RS1	RS0	选择工作寄存器组
0	0	0 组(00H～07H)
0	1	1 组(08H～0FH)
1	0	2 组(10H～17H)
1	1	3 组(18H～1FH)

（2）片内数据存储器 RAM 的 20H～2FH 为位寻址区，这 16 个单元和每一位都有一个位地址，位地址范围是 00H～7FH。位寻址区的每一位都可以视作软件触发器，由程序直接进行处理。通常把各种程序状态标志、位控变量设在位寻址区。同样，位寻址的 RAM 单元也可以作为一般的数据缓冲器使用。

（3）片内数据存储器 RAM 的 80 个单元数据区是指令直接寻址区，使用最多。在一个程序中往往需要一个后进先出的 RAM 区，以保护 CPU 的现场，这种后进先出的缓冲区称为堆栈。堆栈原则上可设在片内数据存储器 RAM 的任意区域内，但一般放在这个范围内。栈顶的位置由栈指针 SP 指出。

从 80H 单元开始到 FFH 的高 128 B 单元是存放特殊功能寄存器的。这些特殊功能寄存器的符号（助记符）、地址和名称如表 3-3 所示。每个特殊功能寄存器占 8 个地址，即有 8 位。有的寄存器是位控的，位控的每个地址都有确定的地址号，其他设备或用户不可占用这些地址号。

表 3-3　特殊功能寄存器

寄存器符号	寄存器地址	寄存器名称
ACC	0E0H	累加器
B	0F0H	B 寄存器
PSW	0D0H	程序状态字
SP	81H	堆栈指针
DPL	82H	数据指针低 8 位
DPH	83H	数据指针高 8 位
IE	0A8H	中断允许控制寄存器
IP	0B8H	中断优先控制寄存器
P0	80H	I/O 端口 0
P1	90H	I/O 端口 1
P2	0A0H	I/O 端口 2
P3	0B0H	I/O 端口 3
PCON	87H	电源控制及波特率选择寄存器
SCON	98H	串行端口控制寄存器
SBUF	99H	串行数据缓冲寄存器
TCON	88H	定时器控制寄存器
TMOD	89H	定时器方式选择寄存器
TL0	8AH	定时器 T0 低 8 位
TL1	8BH	定时器 T1 低 8 位
TH0	8CH	定时器 T0 高 8 位
TH1	8DH	定时器 T1 高 8 位
WDTRST	0A6H	看门狗寄存器

3.片外数据存储器空间

片外数据存储器空间为64 KB,地址范围0000H~FFFFH。

编写程序的时候需要指明每块程序的起始地址和存放数据的起始地址,以方便数据存放。

3.4　单片机最小系统应用设计实例

以用AT89C51芯片的P2口控制8个LED做跑马灯为例,说明单片机最小系统的设计过程和制作过程。

3.4.1　硬件原理图绘制

在Proteus软件中画出跑马灯硬件原理图(见图3-7)。

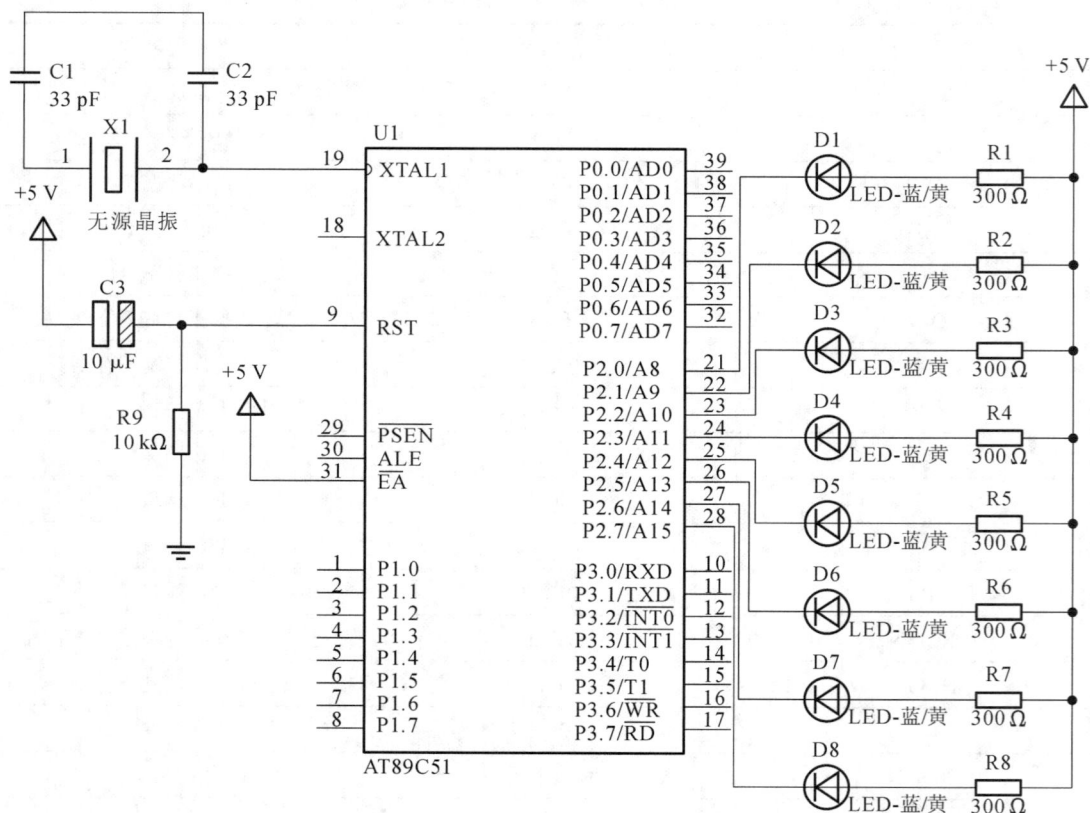

图3-7　跑马灯硬件原理图

3.4.2　软件程序编译

在Keil C51软件中输入C语言程序,并转换成十六进制代码,如下。

```
# include<reg51.h>
void delay(void){
```

```
    unsigned j;
    for(j=0;j<30000;j++);//延时
}
void main(void){
    while(1){
        P2=0xfe;        //第1个指示灯亮
        delay();        //调用延时
        P2=0xfd;        //第2个指示灯亮
        delay();        //调用延时
        P2=0xfb;        //第3个指示灯亮
        delay();        //调用延时
        P2=0xf7;        //第4个指示灯亮
        delay();        //调用延时
        P2=0xef;        //第5个指示灯亮
        delay();        //调用延时
        P2=0xdf;        //第6个指示灯亮
        delay();        //调用延时
        P2=0xbf;        //第7个指示灯亮
        delay();        //调用延时
        P2=0x7f;        //第8个指示灯亮
        delay();        //调用延时
    }
}
```

跑马灯仿真结果演示

3.4.3　PCB图绘制

当得到符合要求的仿真结果后,就可以按照硬件原理图制作PCB,PCB图可以在Proteus软件里生成。可以选择自动生成,如果不满意也可以自己调节,或者手动生成,但是工作量很大的时候就不适合了。PCB图具体设计过程参考本章开头视频教程内容。

3.4.4　实际产品制作

PCB图生成以后,就要进行实际的制作,制作的方法有以下几种。

(1) PCB厂家制作。

一般这就叫作外联。把PCB图发给厂家,厂家就会按照设计图做好。小批量制作价格高而且周期长,需要提前至少一周时间。

(2) 用雕刻机制作。

小型的雕刻机就像一个画图机器。先把PCB图转换成雕刻机所需的文件格式,并准备好雕刻头、覆铜板。雕刻好以后再打孔、上锡,最后制作完成。

(3) 自己手工制作。

简单PCB最好自己手工制作,这也是入行需要掌握的基本技能之一。先买好覆铜板(选择边角料,可以省钱)、三氯化铁、油漆或透明胶带。若使用透明胶带,则先用透明胶带将覆铜面盖住,然后用刀雕刻掉要腐蚀的部分,保留将成线路的部分,之后将其放入三氯化铁溶液中进行腐蚀,腐蚀完之后再进行打孔、上锡处理。若使用油漆,则用油漆画出线路图,然后将其放入三氯化铁溶液中腐蚀,腐蚀后用融漆液洗掉画上的油漆,再打孔、上锡,完成PCB制作。

（4）自己用万能板或者用现在很好买的洞洞板制作。

（5）元器件采购及焊接。

根据仿真图里的元器件的型号和规格采买,并装在已做好的PCB上,然后焊接、调试,加载出结果。

至此一个最小系统产品的样品设计就完成了。

思 考 题

（1）单片机最小系统由哪几部分组成？每一部分有什么作用？

（2）早期的单片机最小系统和现阶段单片机最小系统有哪些区别？

（3）简述现阶段使用的单片机的最小系统结构。

（4）自行完成8个LED同时闪烁的从硬件原理图到PCB封装的完整设计过程。

第4章　C51程序设计

本章主要学习内容为C51编程过程中涉及的基础知识、一个完整的单片机程序包含的内容，以及将单片机的编程引导到C语言的编程上的方法。

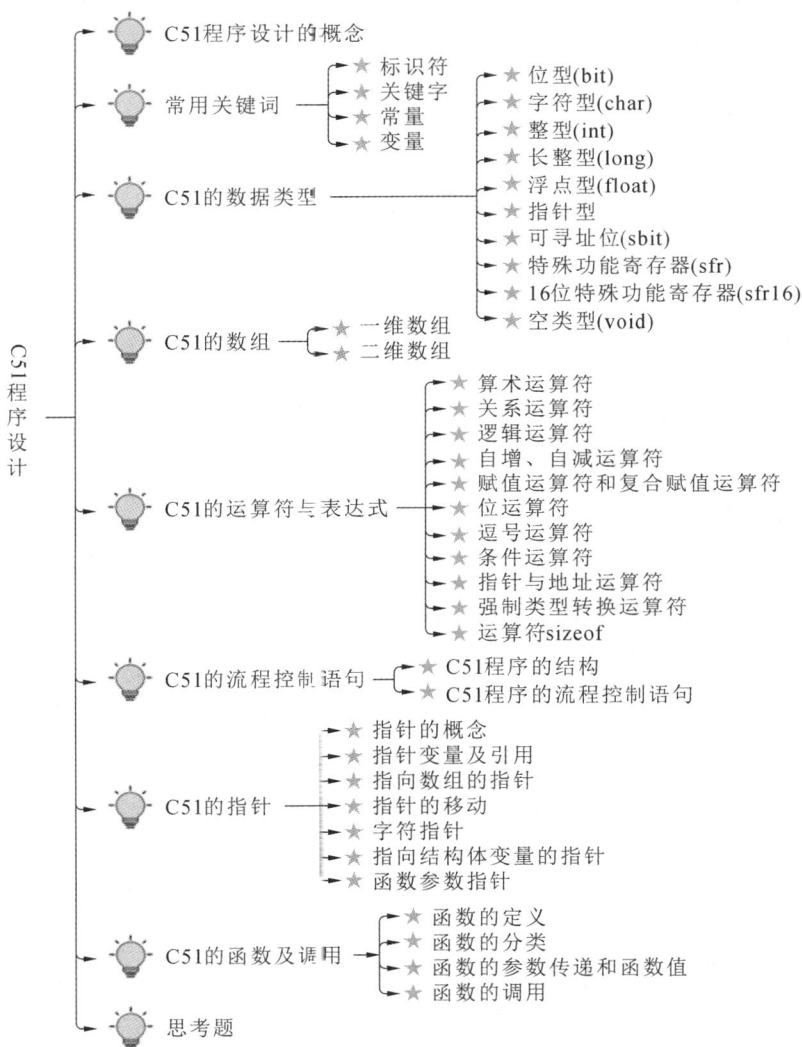

C51程序设计
- C51程序设计的概念
- 常用关键词
  - 标识符
  - 关键字
  - 常量
  - 变量
- C51的数据类型
  - 位型(bit)
  - 字符型(char)
  - 整型(int)
  - 长整型(long)
  - 浮点型(float)
  - 指针型
  - 可寻址位(sbit)
  - 特殊功能寄存器(sfr)
  - 16位特殊功能寄存器(sfr16)
  - 空类型(void)
- C51的数组
  - 一维数组
  - 二维数组
- C51的运算符与表达式
  - 算术运算符
  - 关系运算符
  - 逻辑运算符
  - 自增、自减运算符
  - 赋值运算符和复合赋值运算符
  - 位运算符
  - 逗号运算符
  - 条件运算符
  - 指针与地址运算符
  - 强制类型转换运算符
  - 运算符sizeof
- C51的流程控制语句
  - C51程序的结构
  - C51程序的流程控制语句
- C51的指针
  - 指针的概念
  - 指针变量及引用
  - 指向数组的指针
  - 指针的移动
  - 字符指针
  - 指向结构体变量的指针
  - 函数参数指针
- C51的函数及调用
  - 函数的定义
  - 函数的分类
  - 函数的参数传递和函数值
  - 函数的调用
- 思考题

视频教程

C51程序设计

整型常量的相互转换

4.1　C51程序设计的概念

C51其实就是C语言在51系统应用中的表现形式。所用的程序都是用一样的C语言编写,只是在涉及使用了与51系列相关的硬件和软件部分时要调用相应的库函数,例如Reg51.h(或52的库函数Reg52.h),在前面的预处理文件中要写♯include〈Reg51.h〉(或♯include〈Reg52.h〉)。

编写程序就是将一条条语句按照逻辑关系组织起来,通过这些语句来完成对不同类型的数据、数组的输入输出操作,加减乘除的算术运算,与、或、非等逻辑运算。比如流程控制语句可以完成不同逻辑关系之间的转向。我们也可将比较大的或频繁使用的语句写成类似子程序的结构,方便直接调用。为了更快和更方便地取到保存在一定地址空间里的数据和数组信息,我们可以使用指针。

4.2　常用关键词

4.2.1　标识符

标识符简单来说就是对象的名称。这些对象可以是常量、变量、数组、函数、数据类型、存储方式、语句等。编程者在使用对象之前一定要先对其命名,并说明其相关的属性。

4.2.2　关键字

关键字指编程语言系统里保留的特殊标识符。关键字都具有固定名称和含义,其他对象的名字标识符绝对不可以与关键字相同。C语言标准的32个关键字如表4-1所示,C51编译器的20个扩展关键字如表4-2所示。

表4-1　C语言标准的32个关键字

序号	关键字	用途	说明
1	auto	存储种类声明	用于声明局部变量,默认值为此
2	break	程序语句	退出最内层循环体
3	case	程序语句	switch语句中的选择项
4	char	数据类型声明	单字节整型或字符型数据
5	const	存储类型声明	程序执行过程中不可修改的变量值
6	continue	程序语句	转向下一次循环
7	defaut	程序语句	switch语句中的失败选择项
8	do	程序语句	构成do…while循环结构
9	double	数据类型声明	双精度浮点数
10	else	程序语句	构成if…else选择结构
11	enum	数据类型声明	枚举
12	extern	存储种类声明	在其他程序模块中声明了的全局变量

续表

序号	关键字	用途	说明
13	float	数据类型声明	单精度浮点数
14	for	程序语句	构成 for 循环
15	goto	程序语句	构成 goto 转移结构
16	if	程序语句	构成 if…else 选择结构
17	int	数据类型声明	基本整型数
18	long	数据类型声明	长整型数
19	register	存储种类声明	使用 CPU 内部存储器的变量
20	return	程序语句	函数返回
21	short	数据类型声明	短整型数
22	signed	数据类型声明	有符号数,二进制数据的最高位为符号位
23	sizeof	运算符	计算表达式或数据类型的字节数
24	static	存储种类声明	静态变量
25	struct	数据类型声明	结构类型数据
26	switch	程序语句	构成 switch 选择结构
27	typedef	数据类型声明	重新进行数据类型定义
28	union	数据类型声明	共用体类型数据
29	unsigned	数据类型声明	无符号数据
30	void	数据类型声明	空类型数据
31	volatile	数据类型声明	声明该变量在程序执行中可被隐含地改变
32	while	程序语句	构成 while,do…while 循环结构

表 4-2　C51 编译器的 20 个扩展关键字

序号	关键字	用途	说明
1	_at_	地址定位	为变量进行存储器绝对空间地址定位
2	alien	函数特性声明	用以声明与 PL/M51 兼容的函数
3	bdata	存储器类型声明	可位寻址的 8051 内部数据存储器
4	bit	位变量声明	声明一个位变量或位类型的函数
5	code	存储器类型声明	8051 程序存储器空间
6	compact	存储器模式	指定使用 8051 外部分页寻址数据存储器空间
7	data	存储器类型声明	直接寻址的 8051 内部数据存储器
8	idata	存储器类型声明	间接寻址的 8051 内部数据存储器
9	interrupt	中断函数声明	定义一个中断服务函数
10	large	存储器模式	指定使用 8051 外部数据存储空间
11	pdata	存储器类型声明	分页寻址的 8051 外部数据存储器

序号	关键字	用途	说明
12	_priority_	多任务优先级声明	规定 RTX51 或 RTX51 Tiny 的任务优先级
13	reentrant	再入函数声明	定义一个再入函数
14	sbit	位变量声明	声明一个可位寻址变量
15	sfr	特殊功能寄存器声明	声明一个 8 位的特殊功能寄存器
16	sfr16	16 位特殊功能寄存器声明	声明一个 16 位的特殊功能寄存器
17	small	存储器模式	指定使用 8051 内部数据存储器空间
18	_task_	任务声明	定义实时多任务函数
19	using	寄存器组定义	定义 8051 的寄存器组
20	xdata	存储器类型声明	8051 外部数据存储器

4.2.3　常量

在程序执行过程中,其值不发生改变的量,称为常量。常量的数据类型有整型、浮点型、字符型、字符串型和位标型。

4.2.4　变量

在程序执行过程中,其值发生改变的量,称为变量。

4.3　C51 的数据类型

数据类型(见图 4-1)指数据的不同格式,在 C51 里面,对不同类型的数据进行操作时会得到不同的结果,所以在使用数据之前,必须对所用的数据的类型做出说明。

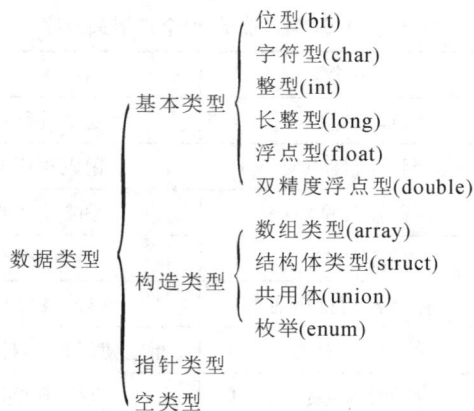

```
                              ┌ 位型(bit)
                              │ 字符型(char)
                              │ 整型(int)
                     基本类型 ┤ 长整型(long)
                              │ 浮点型(float)
                              └ 双精度浮点型(double)
数据类型 ┤                    ┌ 数组类型(array)
                              │ 结构体类型(struct)
                     构造类型 ┤ 共用体(union)
                              └ 枚举(enum)
                     指针类型
                     空类型
```

图 4-1　数据类型分类

4.3.1　位型(bit)

位型变量的数据类型是位,其值可以是"1"(true)或"0"(false)。与 51 系列单片机硬件特性操作有关的位变量必须定位在片内RAM的可位寻址空间中。

4.3.2　字符型(char)

字符型变量的长度为一个字节,即1 B,用于定义一个单字节的数据,分为无符号字符型(unsigned char)和有符号字符型(signed char),通常缺省为signed char。unsigned char用字节中的所有位表示数字,能够表达的数字范围是0~255,用于处理ASCII字符或不大于255的整型数。signed char用字节中最高位表示数据的符号,0表示正数,1表示负数(用补码表示),所以其能表达的数值范围是-128~+127。

4.3.3　整型(int)

整型变量长度为2 B,用于存放一个双字节数据,分为有符号整型变量(signed int)和无符号整型变量(unsigned int),缺省值为signed int。有符号整型变量能够表示的数据范围是-32768~+32767。无符号整型变量能够表示的数据范围是0~65535。

4.3.4　长整型(long)

长整型(long)数据的长度为4 B,也分为有符号长整型(signed long)数据和无符号长整型(unsigned long)数据。缺省值为signed long。

4.3.5　浮点型(float)

浮点型(float)数据在十进制中有7位有效数字,是符合IEEE-754标准的单精度浮点数,占4 B。

4.3.6　指针型

指针型数据是一种特殊的变量,不直接存储数据值,而是存储另一个数据所在内存地址的信息。指针变量也要占据一定的内存单元,在C51中,它的长度一般为1~3 B。指针变量已具有类型,其表示方法是在指针符号"*"前面冠以数据类型符号,表示该指针所指向的地址口数据的类型。

4.3.7　可寻址位(sbit)

可寻址位(sbit)是C51中的一种扩充数据类型,用于访问单片机内部RAM中的可寻址位或特殊功能寄存器中的可寻址位。sbit的用途有以下两种。

(1)定义特殊功能寄存器的可寻址位。

例如:

```
sbit p1_0=p1_0;          /*用P1_1表示P1口的第1位p1.1*/
sbit ac=ACC^7;           /*ac定义为累加器A的第7位*/
```

(2)采用字节寻址变量位。

例如:

```
int bdadta bi_var1;       /*在位寻址区定义一个整型变量 bi_var1*/
sbit bi_var1_0=bi_var1^15; /*使用bi_var1_0访问bi_var1的D15位*/
```

4.3.8　特殊功能寄存器(sfr)

特殊功能寄存器变量也是一种扩充数据类型,占用一个内存单元,值域为0~255。利用它可以访问单片机内部的所有特殊功能寄存器。

例如:

```
sfr P1=0x90;        /*定义P1为特殊功能寄存器的P1,即I/O端口P1*/
P1=255;             /*定义P1端口所有引脚置1*/
```

4.3.9　16位特殊功能寄存器(sfr16)

sfr16用于定义单片机内部RAM的16位特殊功能寄存器,占用2个内存单元,值域为0~65535。使用sfr16定义16位特殊功能寄存器,必须是低字节在低地址单元,高字节在紧随其后的连续高地址单元。

例如:

```
sfr16 timer2=oxCC;      /*52系列的定时/计数器T2的T2L的地址为CCH,
                          T2H的地址为CDH*/
sfr16 point16=ox82;     /*16位数据指针DPTR、DPL的地址为82H,
                          DPH的地址为83H*/
```

4.3.10　空类型(void)

空类型变量长度为0,主要有两个用途:一是明确地表示一个函数不返回任何值;二是产生一个同一类型指针。

例如:

```
void *buffer;   /*buffer被定义为空值型指针*/
```

4.4　C51的数组

数组属于构造数据类型,一个数组可以分解为多个数组元素,这些数据元素可以是基本的数据类型,也可以是构造数据类型。按照数组元素类型的不同,数组又可以分为数值组、字符组、指针组、结构数组等。

4.4.1　一维数组

1)定义方式

类型说明符 数组名[整型常量表达式]

例如:int a[10]表示数组名为a,它包含10个元素。

注意:

(1)数组名的命名规则和变量名相同,要遵循标识符的命名规则;

(2)数组名后要用方括号,不能用圆括号;

(3)方括号内部是整型常量表达式,不能用变量;

(4)第1个元素的下标从0开始,为a[0],第10个元素是a[9]。

2)初始化

初始化就是对数组的元素赋初值,有以下情形:

（1）对所有元素赋初值,例如 int a[10]={3,5,7,9,0,2,4,8,1,6}。注意:数组元素的初值依次放在一对花括号里面。赋完初值以后,各元素的值为 a[0]=3,a[1]=5,a[2]=7,a[3]=9,a[4]=0,a[5]=2,a[6]=4,a[7]=8,a[8]=1,a[9]=6。

（2）对一部分元素赋初值,例如 int a[10]={3,5,7,9,0}。这样就只有前5个元素获得了初值,后5个元素的初值为0。

（3）对全部元素赋初值时,可以不指定数组的长度,例如 int a[]={3,5,7,9,0,2,4,8,1,6}。

3）一维数组元素的引用

（1）数组必须先定义,后使用。

（2）只能逐个引用数组元素,而不能一次引用整个数组。

（3）对字符数组,可以一次引用整个数组。

4.4.2　二维数组

1）定义方式

类型说明符 数组名[整型常量表达式][整型常量表达式]

例如:int a[2][3],int b[5][6],int c[4][3]。其中 c 数组为

$$
\begin{bmatrix}
1 & 2 & 3 & 4 \\
5 & 6 & 7 & 8 \\
9 & 10 & 11 & 12
\end{bmatrix}
$$

这里表示 a 数组是2行3列,b 数组是5行6列,c 数组是4行3列。特别提示:不能写成 int a[2,3],int b[5,6],int c[4,3]。

2）二维数组的初始化

（1）可以按行逐一赋值,方法如下:

类型说明符 数组名[整型常量表达式][整型常量表达式]={{第0行初值表},{第1行初值表},…,{最后一行初值表}}

例如:int a[2][3]={{10,20,30},{12,22,32}}。

也可以按行连续赋值,方法如下:

类型说明符 数组名[整型常量表达式][整型常量表达式]={第0行初值表,第1行初值表,…,最后一行初值表}

例如:int a[2][3]={10,20,30,12,22,32}。

（2）可以对全部元素赋值,如下:

当对全部元素赋值时,第一位的长度可以不给出。例如:int a[3][3]={1,2,3,4,5,6,7,8,9}=int a[][3]。

若只对部分元素赋初值,则未被赋初值的元素值自动取0。例如:int a[3][4]={{1,2},{5},{9}},它表示的数组为

$$
\begin{bmatrix}
1 & 2 & 0 & 0 \\
5 & 0 & 0 & 0 \\
9 & 0 & 0 & 0
\end{bmatrix}
$$

3）二维数组元素的引用

二维数组元素的引用格式如下:

数组名[下标][下标]

例如:a[3][4]表示引用a数组第4行第5列的元素。

4.5　C51的运算符及表达式

C51的运算符主要有算术运算符、关系运算符、逻辑运算符、增减(自增/自减)运算符、赋值运算符等,不同的运算符在不同的场合会有不同的优先级和结合性。C51运算符的优先级和结合性在程序运行过程中比较重要。其中结合性分为左结合和右结合。例如:$x=2$,"$=$"是赋值运算符,赋值的结合性是右结合;$x+2$,"$+$"是加号运算符,加号的结合性是左结合。C51运算符及其优先级和结合性如表4-3所示。

表4-3　C51运算符及其优先级和结合性

运算符	优先级	结合性
()　[]　—>	1	左
!　+　−　++　−−　&　*　sizeof	2	右
*　/　%	3	左
+　−	4	左
〈〈=　　〉〉=	5	左
==　　!=	6	左
&&	7	左
||	8	左
!:	9	右
=　+=　−=　*=　/=　%=	10	右
,	11	左

4.5.1　算术运算符

C51的算术运算符如表4-4所示。

表4-4　C51的算术运算符

运算符	功能	运算对象	运算结果	优先级	结合性
+、−	正、负	整型或实型	整型或实型	1	自右向左
*	乘	整型或实型	整型或实型	2	自左向右
/	除				
%	求余	整型	整型		
+	加	整型或实型		3	
−	减				

(1)两个整数相除结果为一整数,例如1/2的结果为0。

(2) 求余运算符两边的数只能是整数,例如1%2的结果为1。

4.5.2　关系运算符

C51的关系运算符如表4-5所示。关系运算符的结果只有两个,一个是真(就是1),另一个是假(就是0)。

表4-5　C51的关系运算符

运算符	功能	运算对象	运算结果	优先级	结合性
>	大于	整型、实型或字符型	若关系成立则结果为1;若关系不成立则结果为0	1	自左向右
<	小于				
>=	大于等于				
<=	小于等于				
==	等于			2	
!=	不等于				

4.5.3　逻辑运算符

C51的逻辑运算符如表4-6所示。

表4-6　逻辑运算符

运算符	功能	运算对象	运算结果	优先级	结合性
!	逻辑非	整型、实型或字符型	0或1	1	自右向左
&&	逻辑与			2	自左向右
||	逻辑或			3	

一般的情况如下:

若表达式1&&表达式2,当表达式1的结果为0时,结果就为0,表达式2就不会被计算了。

若表达式1||表达式2,当表达式1的结果为1时,结果就为1,表达式2就不会被计算了。

4.5.4　自增、自减运算符

自增、自减运算符的作用是使得变量的值增1或者减1。自增、自减运算符有两种形式:

(1)++i,--i:表示在使用i之前先使得i的值增加(减小)1。

i++,i--:表示在使用i之后再使得i的值增加(减小)1。

例如:

```
i=3;
a=++i;  /*i自己先加1,再把i+1的值赋给a,结果就是a=4,i=4*/
b=i++;  /*先把i的值赋给b,再使i增加1,结果就是b=3,i=4*/
```

4.5.5　赋值运算符和复合赋值运算符

赋值运算符"="在C51中的作用是给变量赋值。赋值语句的格式为

变量=表达式;

在使用赋值运算符"＝"时应该注意不要与关系运算符"＝＝"相混淆,运算符"＝"用来给变量赋值,而运算符"＝＝"用来进行相等关系运算。

复合赋值运算符就是在赋值运算符"＝"的前面加上其他运算符,如表4-7所示。

表4-7 C51的复合赋值运算符

运算符	功能	运算符	功能
＋＝	加法赋值	〉〉＝	右移位赋值
—＝	减法赋值	&＝	逻辑与赋值
*＝	乘法赋值	|＝	逻辑或赋值
/＝	除法赋值	∧＝	逻辑异或赋值
%＝	取模赋值	～＝	逻辑非赋值
〈〈＝	左移位赋值		

4.5.6 位运算符

C51的位运算符如表4-8所示。

表4-8 C51的位运算符

运算符	功能	运算符	功能
～	按位取反	∧	按位异或
&	按位与	〈〈	左移
|	按位或	〉〉	右移

4.5.7 逗号运算符

逗号表达式的一般形式为

$$表达式1,表达式1,表达式1,\cdots,表达式n$$

在程序运行时,从左到右算出各个表达式的值,而整个用逗号运算符组成的表达式的值等于最右边表达式的值,即表达式n的值。

4.5.8 条件运算符

条件运算符"?:"是C51中唯一一个三目运算符,一般形式为

$$逻辑表达式?\ 表达式1:表达式2$$

程序运行时,逻辑表达式为真,则结果取表达式1的值;逻辑表达式为假,则结果取表达式2的值。

4.5.9 指针与地址运算符

取内容运算是指将指针变量所指向的目标变量的值赋给左边的变量,取地址运算是指将目标变量的地址赋给左边的变量。

取内容和取地址运算的一般形式是

变量=*指针变量；

指针变量=&目标变量；

4.5.10　强制类型转换运算符

强制类型转换运算符的作用是将表达式或变量的类型强制转换成指定的类型。其表达式为

$$（类型）（表达式）$$

例如：(int)(10.5)的结果为10。

4.5.11　运算符 sizeof

运算符sizeof用于在程序中测试某一数据类型占用多少资源(字节)。事实上字节数的计算在程序编译时就完成了，而不是在程序的执行过程中才完成的。

4.6　C51的流程控制语句

4.6.1　C51程序的结构

任何一种程序都是由三种程序结构组成的，包括顺序结构、选择结构、循环结构，其中循环结构又可分为当型循环结构和直到型循环结构，如图4-2至图4-5所示。

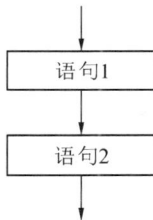

图 4-2　顺序结构

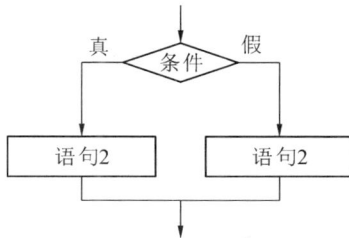

图 4-3　选择结构

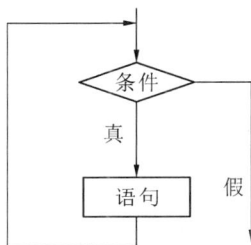

图 4-4　当型循环结构

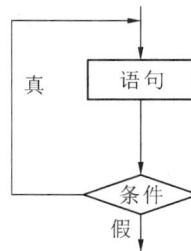

图 4-5　直到型循环结构

4.6.2　C51程序的流程控制语句

为了完成三种结构程序的编制，常用的语句如下。

1.格式化输入、输出语句

输入语句有 scanf、getchar、gets。输出语句有 printf、putchar、puts。

特别要说明的是,在使用这些语句之前,必须在程序的开头部分加上头文件,语句为
#include〈stdio.h〉
或
#include"stdio.h"
否则程序将会报错。这三种输入输出语句虽然都可以进行输入和输出操作,但是也各有区别。scanf和printf可以对任意格式的数据类型进行输入和输出操作。getchar和putchar针对专门的字符类型数据进行输入和输出操作。gets和puts针对专门的字符串进行输入和输出操作。

2.选择结构用到的语句

if和switch-case都是选择结构用到的语句,不同的是if多用于二分支结构,switch-case常用于多分支结构,但是if语句的多种形式和嵌套也可以用于多分支结构。

(1) if语句。

if语句有三种形式,包括if语句、if-else语句、if-else-if语句,表达形式分别如下。

① if语句:

```
if(条件表达式)语句;
```

若条件为真则执行语句,否则跳过。

② if-else语句:

```
if(条件表达式)语句1;
else 语句2;
```

若条件为真则执行语句1,否则执行语句2。

③ if-else-if语句:

```
if(条件表达式1)语句1;
else if(条件表达式2)语句2;
else if(条件表达式3)语句3;
    ⋮
Else if(条件表达式n)语句n;
else 语句m;
```

若条件表达式n为真则执行语句n,否则顺序执行下一语句。

(2) switch-case语句。

switch-case语句又称为开关语句,一般形式为

```
switch(表达式){
    case 常量表达式1:语句1;break;
    case 常量表达式2:语句2;break;
                ⋮
    case 常量表达式n:语句n;break;
    default: 语句n+1;
}
```

当switch后括号中表达式的值与某一个case后面的常量表达式的值相等时,就执行case后面的语句,然后因遇到break而退出switch语句。当所有case后的常量表达式的值都没有与switch后括号中表达式的值相匹配的时候,就执行default后面的语句。

特别提醒:如果case语句中忘了写break,程序在执行了本行的case选择后,不会按规定退

出 switch 语句,而是执行后续的 case 语句。

3.循环结构用到的语句

循环结构中,程序运行时根据条件判断,执行循环体若干次,当条件不满足时跳到下一个语句并执行。循环的三要素:初始化、循环条件、循环体(要能使循环条件走向假)。

(1) 当型循环:先判断循环条件,后执行循环体。其形式为

```
while(表达式){
    循环语句;
}
```

(2) 直到型循环:先执行循环体,后判断循环条件。其形式为

```
do{
    循环体语句;
}
while(表达式);        /*这里的分号不能省略*/
```

特别提醒:当型循环(while 循环)的条件比循环体执行多一次;直到型循环(do-while 循环)的条件和循环体执行次数一样。

(3) for 循环:一般用于循环次数可定的情况,但是也可用于不能确定的情况,可以简化循环的书写,其语法的格式为

```
for(表达式1;表达式2;表达式3){
    循环体语句;
}
```

其中:表达式1用于给循环变量赋初值;表达式2是循环条件,若为真则执行循环体;表达式3用于设置循环变量变化的步长。

例如:

```
int a[5];
int i;
for (i=0;i<5;i++){
    scanf("%d",&a[i]);
}
```

这是一段给长度为5的 a 数组赋值的程序。

在循环体中可以出现语句的地方,都允许出现循环语句,称为嵌套。内层的称为内嵌套,外层的称为外嵌套。

例如:

```
for (int i = 1; i < 10; i++){
    for (int j = 1; j < 10; j++){
        printf("%d*%d=%d\r", i, j, i * j);
    }
}
```

在示例程序段中,外层循环的值每变化1次,内层循环都要执行一个轮回9次,所以程序总共会执行 $9 \times 9 = 81$ 次。

4.goto 语句

goto 语句是无条件转向语句,它的一般形式为

```
goto 语句标号;
```

5.break 语句

break语句用于跳出它所在的那一层循环。如果要跳出多重循环,则要用goto语句。

6.return 语句

return语句为返回语句,用于终止函数的执行,并控制程序返回到调用该函数时所处的位置。它有两种形式:

```
return(表达式);
```

这种形式需要计算表达式的值,然后将其作为该函数的返回值。

```
return;
```

这种形式只有符号没有表达式,被调函数返回主调函数时,函数值不确定。

4.7　C51的指针

4.7.1　指针的概念

在计算机中,所有的数据都是存放在存储器中的,一个内存单元存储一个字节,每一个内存单元都应该有一个地址,就像生活中每所房子都有一个地址一样。内存单元的地址就是指针。

4.7.2　指针变量及引用

用于存放指针的变量称为指针变量,那么指针变量的值就是某个内存单元的地址,也称为某内存单元的指针。指针变量的形式为

```
类型说明符 *变量名;
```

例如:

```
int *p1;
```

此语句定义了一个整型指针变量p1,它的值是某个整型变量的地址。

引用的时候有两个相关的运算符:&和*。

&:取地址运算符。例:&a表示变量a的地址。此为直接访问运算符。

*:指针运算符。例:*p1表示p1地址中的内容。此为间接访问运算符。

使用指针变量之前必须要对变量赋予具体的值,否则不能使用。例如:使用p1之前要先赋值,然后才可以读取p1地址中的内容。

```
int a=5,b=6;
int *p1=&a,*p2=&b;
```

示例程序语句中,指针变量p1指向变量a,a=5,那么*p1的值就是5。

4.7.3　指向数组的指针

数组是由连续的内存单元组成的,指向数组的指针一般指向数组的首元素。例如:"p=a;"其实就等同于"p=&a[0];"。若要引用数组的各个元素,可以通过以下程序段用指向数组元素的指针来实现。

```
void main( ){
    int a[10],i,*p;
    p=a;
    for(i=0;i<10;i++)
        *(p+i)=i;
    for(i=0;i<10;i++)
    printf("a[%d]=%d\n",i,*(p-i));
    return;
}
```

4.7.4　指针的移动

指针的移动指通过指针与一个整数的相加或相减运算来移动指针。相加使指针往地址增大的地方移动,相减使指针往地址减小的地方移动。

以下程序段用于实现通过指针的移动求数组中元素的和。

```
void main( ){
    int a[10]={0},i,*p,sum=0;
    p=a;
    for(i=0;i<10;i++){
        *p=i;
        sum=sum+*p;
        p++;
    }
    printf("sum=%d",sum);
    return 0;
}
```

4.7.5　字符指针

访问一个字符串,可以用字符指针指向字符串。例如:

```
char s[ ]="helloworld";
char *s="helloworld";
```

使用字符指针指向一个字符串时,它指的是这个字符的首字符,同样可以通过指针的移动实现对字符串中每个字符的操作,根据是否遇到'\0'来判断字符串是否结束。

参考以下程序段来体会,该程序段能够统计字符串中大写字母、小写字母和数字个数。

```
void main( ){
    char s[100],*p=s;
    int x=0,y=0,n=0;
    printf("请输入一个字符串:\n");
    gets(p);
    while(*p!='\0'){
        if(*p>='A'&&*p<='Z')
            x++;
        else if(*p>='a'&&*p<='z')
            y++;
```

```
        else if(*p>='0'&&*p<='9')
            n++;
    }
    printf("大写字母个数:%d,小写字母个数:%d,数字字符个数:%d",x,y,n);
}
```

4.7.6　指向结构体变量的指针

当一个指针用来指向结构体变量时,该指针称为结构体变量指针。其格式为

struct 结构体名 *结构体指针变量名;

例如:

struct stu *p;

通过指针访问结构体变量成员,可用下面两种形式:

*结构体指针变量.成员名;

或者

结构体指针变量->成员名;

下面为结构体变量指针应用的程序段,请特别关注最后一行。

```
struct stu{
    char name[20];
    char sex;
    int score;
}
void main( ){
    struct stu *p;
    struct stus={"liping",'M',80};
    p=&s;
    pintf("姓名:%s,性别:%s,成绩:%d",p->name,p->sex,(*p).score);
}
```

4.7.7　函数参数指针

指针作为函数参数的作用是将一个地址值传给被调函数中的形参(形式参数)指针变量,使得形参指针变量指向实参指针指向的变量,也即在函数调用时确定形参指针变量的指向。

如下程序段中swap函数的功能是将两个整数进行互换,两个形参是整型指数,被主函数调用。

```
void swap(int*x,int*y){
    int temp;
    temp=*x;
    *x=*y;
    *y=temp;
}
void main( ){
    int x,y;
    printf("请输入两个整数:\n");
    scanff(%d%d,&x,&y);
```

```
swap(&x,&y)
printf("x=%d,y=%d",x,y);
}
```

4.8　C51的函数及调用

4.8.1　函数的定义

函数的一般形式为

```
返回值类型　函数名(形参列表){
    函数体;
}
```

如果函数没有返回值,要用 void 作为类型。形参的类型要明确说明,如果函数没有形参,括号也要保留。所有函数在定义时都是相互独立的,一个函数中不能再定义其他的函数,也就是说函数不能嵌套定义。函数可以互相调用,调用的一般原则是:主函数可以调用其他普通函数,普通函数之间也可以相互调用,但是普通函数不能调用主函数。

一个程序总是从 main( )函数开始执行,调用其他函数后又要返回到 main( )函数,最后要在main( )函数中结束。

4.8.2　函数的分类

从用户的角度来看,函数可以分为两类:一类是标准库函数,一类是用户自定义的函数。

常用的标准库函数有:reg51.h——51系列的寄存器函数;absacc.h——绝对地址文件函数;stdlib.h——动态内存分配函数;string.h——缓冲区处理函数;stdio.h——输入输出流函数。如果要在程序中用到这些库函数,则需要在主程序前先定义,定义的格式为

```
#include<stdio.h>
```

用户自定义的函数主要有三种形式:无参函数、有参函数、空函数。

1.无参函数定义

无参函数在被调用时既没有输入参数也没有结果返回给主函数,形式为

```
函数类型　函数名( ){
    函数体语句;
}
```

例如:

```
void print_goodmorning( ){
    printf("goodmorning!\n");
}
```

2.有参函数定义

在调用有参函数时,需要提供实际的输入参数。此类函数在被调用时必须说明与实际参数(实参)一一对应的形式参数(形参),并在函数结束时返回结果,供调用函数使用。有参函数形式为

```
返回值类型　函数名(参数类型1　参数名1,参数类型2　参数名2,… ){
```

```
        函数体语句;
    }
```

例如:

```
    #include<stdio.h>
    int max-abc(inta,intb,intc,){
        int d;
        d=(a>b)?(a>c?a:c):(b>c?b:c);
        return(d);
    }
    void main( ){
        int x=66,y=-18,z=20;
        int max;
        max=max-abc(x,y,z);
        printf("max=%d\n",max);
    }
```

3.空函数定义

空函数的函数体内无语句,调用此类函数时什么工作也不用做。定义这种函数是为了以后程序功能的扩充。空函数的定义形式为

```
    返回值类型 函数名( ){
    }
```

例如:

```
    void scanf( ){
    }
```

4.8.3 函数的参数传递和函数值

函数的参数传递指的是主调函数的实参和被调函数的形参之间的数据传递。其中,形参指的是被调函数名后面括号中的变量名称;实参指的是主调函数名后面括号中的表达式。被调函数的最后结果通过调用函数的 return 语句返回给主调函数。

特别注意:形参和实参的类型必须一致,而且参数传递只能是实参向形参的单方向传递。

4.8.4 函数的调用

主调函数对被调函数的调用主要有以下三种形式。

1.用函数调用语句

把被调函数名作为主调函数的一个语句以实现调用,例如:

```
    print_goodmorning( ){
    }
```

这种调用只要求函数完成某种操作。

2.函数结果作为表达式的一个运算对象

被调函数以一个运算对象的身份出现在一个表达式中以实现调用。被调函数通过 return 语句返回一个明确的数字参加表达式的运算。例如:

```
max=5*max-abc(x,y,z);
```

3.函数参数

将被调函数作为另一个函数的实际参数以实现调用。例如：

```
printf("max=%d",max-(x,y,z));
```

特别说明：如果被调函数出现在主调函数之前，则不用对被调函数进行说明；但是如果被调函数出现在主调函数之后，则需要对被调函数的返回值类型做出说明。

思　考　题

（1）简述数据的分类。

（2）在C51中，bit位和sbit位有什么区别？

（3）对于比较大的或者频繁使用的程序该怎样处理？处理过程中要注意什么问题？

第5章　单片机的定时/计数器

定时/计数器是单片机内部的一个硬件部分,既可以作为定时器也可以作为计数器。本章内容主要是定时/计数器的内部结构,以及如何使用定时/计数器。

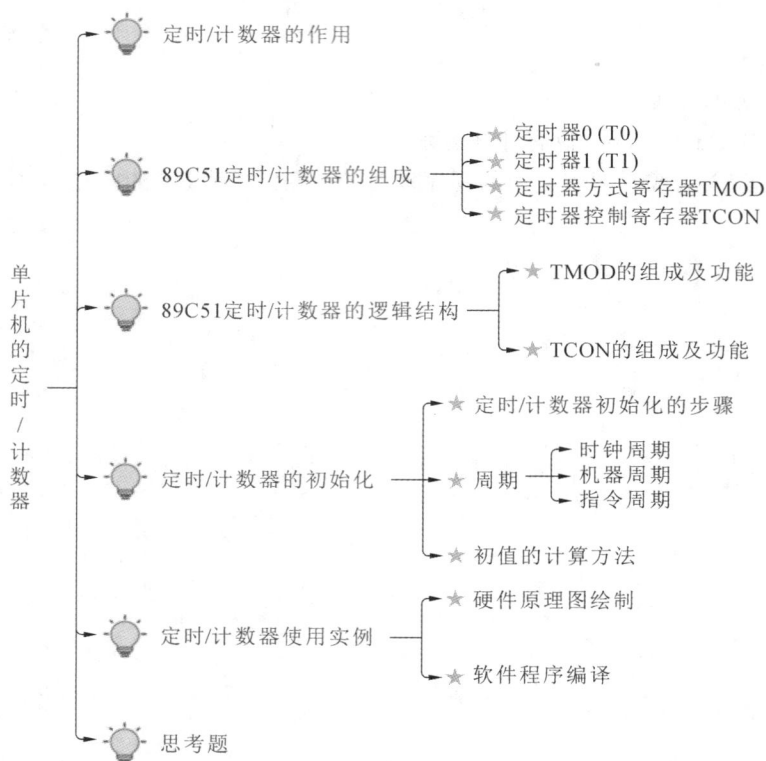

```
                        💡 定时/计数器的作用

                                              ★ 定时器0 (T0)
                        💡 89C51定时/计数器的组成  ★ 定时器1 (T1)
                                              ★ 定时器方式寄存器TMOD
                                              ★ 定时器控制寄存器TCON
  单
  片                                           ★ TMOD的组成及功能
  机   💡 89C51定时/计数器的逻辑结构
  的                                           ★ TCON的组成及功能
  定
  时                                           ★ 定时/计数器初始化的步骤
  /                                                        ┌ 时钟周期
  计   💡 定时/计数器的初始化              ★ 周期 ──┤ 机器周期
  数                                                        └ 指令周期
  器
                                              ★ 初值的计算方法

                                              ★ 硬件原理图绘制
                        💡 定时/计数器使用实例
                                              ★ 软件程序编译

                        💡 思考题
```

视频教程

单片机的定时/计数器　　　定时/计数器初值的计算

5.1　定时/计数器的作用

单片机作为智能控制器的核心部件,常常需要具备延时功能和计数功能。常用的延时方法是软件延时,比如delay()函数就表示延时一段时间,但是CPU的资源是有限的,当多任务同时进行的时候,用硬件延时是很好的节约CPU资源并提高控制效率的方案。为了能更好地利用单片机提供的硬件资源并全面优化控制效果,掌握定时/计数器的使用方法显得颇为重要。

5.2 89C51 定时/计数器的组成

89C51定时/计数器的组成如图 5-1 所示,包含两个定时器,分别称为定时器 0(T0)和定时器 1(T1),一个定时器方式寄存器 TMOD,一个定时器控制寄存器 TCON。

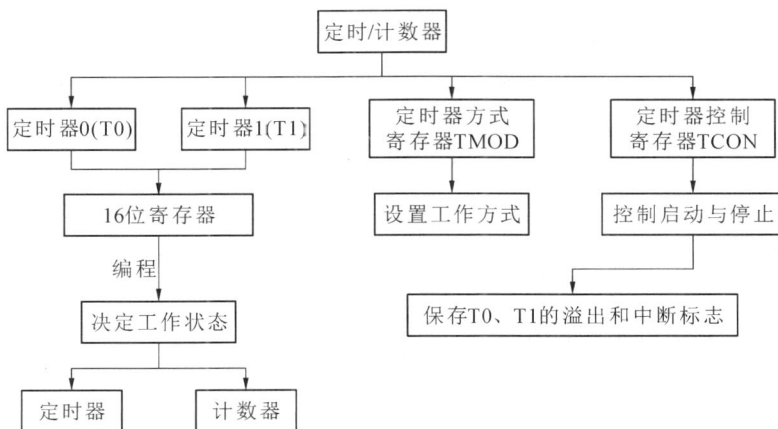

图 5-1 89C51 定时/计数器的组成

T0 和 T1 都是 16 位寄存器,可以通过编程设置来决定是 T0 工作还是 T1 工作,以及是工作在定时器状态还是工作在计数器状态。定时器初值和计数器初值会装入寄存器。单片机对它们的寄存单元分配了相应的地址:

TL0-8AH:T0 的低 8 位寄存器的名称和分配的地址;

TL1-8BH:T1 的低 8 位寄存器的名称和分配的地址;

TH0-8CH:T0 的高 8 位寄存器的名称和分配的地址;

TH1-8DH:T1 的高 8 位寄存器的名称和分配的地址。

当它们都用作计数器时,对芯片引脚 T0(P3.4)或者 T1(P3.5)输入的脉冲计数,每输入一个脉冲,加法计数器就加 1;当它们用作定时器时,对内部的机器周期脉冲数计数,因为机器周期是定值,所以定多长时间、需要计多少个数可以很快算出来,作为初值装入寄存器,如图 5-2 所示。

TMOD 用来设置定时器的工作方式;TCON 用于控制定时器的启动与停止,还可以保存 T0 和 T1 的溢出和中断标志。

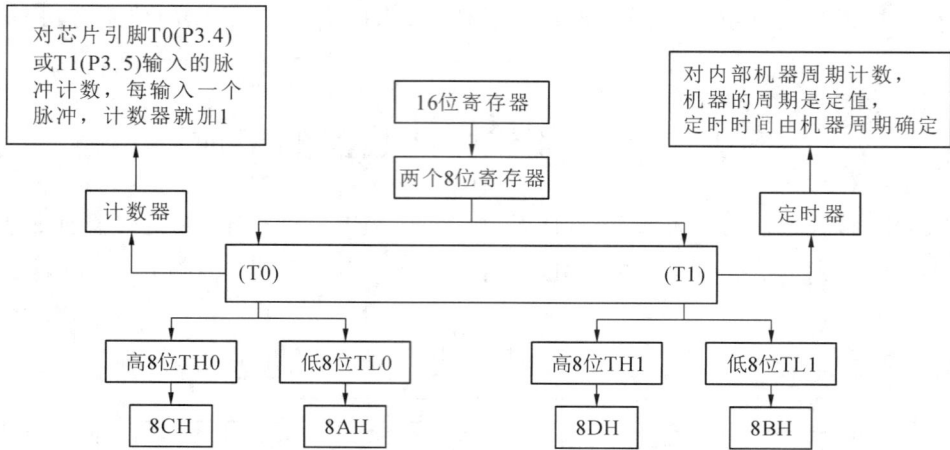

图 5-2　定时器 T0、T1 的使用

5.3　89C51定时/计数器的逻辑结构

89C51定时/计数器的逻辑结构如图5-3所示。

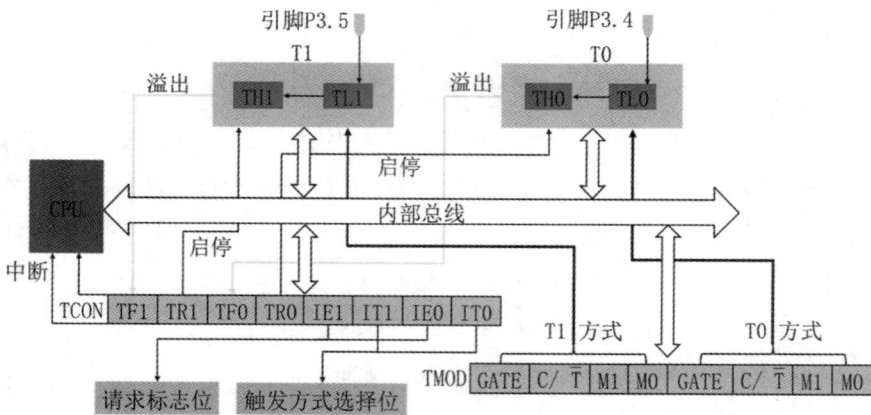

图 5-3　89C51定时/计数器逻辑结构

5.3.1　TMOD的组成及功能

TMOD的组成及功能如图5-4所示。其中：GATE为0时，软件启动定时器工作；GATE为1时，软件、硬件共同启动定时器工作。C/$\overline{T}$为0时，定时器工作；C/$\overline{T}$为1时，计数器工作。M1、M0的不同取值方式决定TMOD不同的工作方式，如表5-1所示。

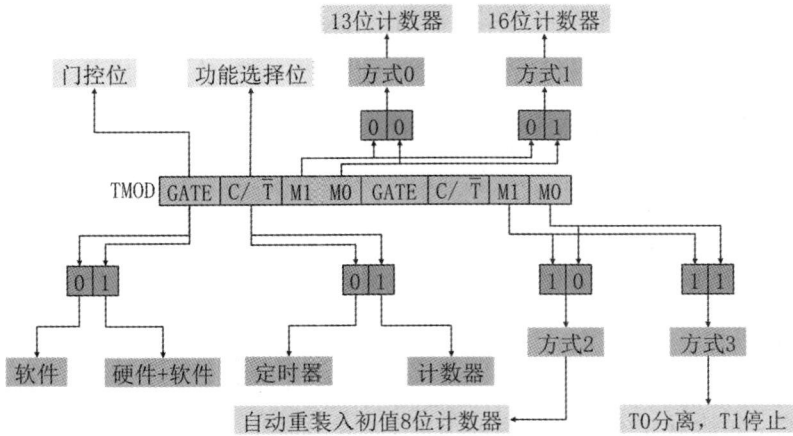

图 5-4 TMOD 的组成及功能

表 5-1 TMOD 的 4 种工作方式说明

M1	M0	工作方式	功能说明
0	0	方式0	13位计数器
0	1	方式1	16位计数器
1	0	方式2	自动重装入初值8位计数器
1	1	方式3	定时器T0分为两个独立的8位计数器,定时器T1停止

TMOD 不能进行位寻址,只能用字节指令分别设置高 4 位的 T1 和低 4 位的 T0,复位时为 00H,所有位均为 0。

5.3.2 TCON 的组成及功能

TCON 各标志位的定义如表 5-2 所示。其中:TF1、TF0 分别是 T1、T0 的溢出标志。TR1、TR0 就是前述的当 GATE 为 0 时,软件启动定时器工作的信号配合,TR1 为 1 则启动定时器 T1,TR0 为 1 则启动定时器 T0。IE1、IE0 分别对应 INT1、INT0 的外部中断请求位。IT1、IT0 分别对应 INT1、INT0 的外部中断请求的触发方式。

表 5-2 TCON 各标志位的定义

标志位	D7	D6	D5	D4	D3	D2	D1	D0
定义	TF1	TR1	TF0	TR0	IE1	IT1	IE0	IT0

5.4 定时/计数器的初始化

5.4.1 定时/计数器初始化的步骤

(1)确定工作方式,在 TMOD 中写成方式控制字,装入 89H(这是 TMOD 的地址)。

(2)算出初值,装入 TH0、TL0 或者 TH1、TL1。

（3）开启中断，结合上述中断位的信号进行。

（4）用 TCON 中的 TR1 或者 TR0 启动定时/计数器，使其开始工作。

5.4.2　周期

1.时钟周期

时钟周期也称为振荡周期，其值为时钟脉冲的倒数。在一个时钟周期内，CPU 仅完成一个最基本的动作。单片机中，一个时钟周期定义为一个节拍，两个节拍称为一个状态周期。

2.机器周期

在计算机中，为了方便管理，把指令的执行过程划分成若干个阶段，每一阶段完成一项工作，每完成一项工作所需要的时间称为机器周期。单片机中一个机器周期由 6 个状态周期（即 12 个时钟周期）组成。

3.指令周期

执行一条指令所需要的时间称为指令周期。指令周期一般由若干个机器周期组成。

5.4.3　初值的计算方法

定时/计数器初值的计算公式如表 5-3 所示。

表 5-3　定时/计数器初值的计算公式

工作方式	计数位数		最大计数值	最大定时时间	定时初值 X	计数初值 X
方式 0	13		$M=2^{13}$	$T=2^{13}\times T_{机}$	$X=2^{13}-T/T_{机}$	$X=2^{13}-$计数值
方式 1	16		$M=2^{16}$	$T=2^{16}\times T_{机}$	$X=2^{16}-T/T_{机}$	$X=2^{16}-$计数值
方式 2	8		$M=2^{8}$	$T=2^{8}\times T_{机}$	$X=2^{8}-T/T_{机}$	$X=2^{8}-$计数值
方式 3 (T0)	TL0	8	$M=2^{8}$	$T=2^{8}\times T_{机}$	$X=2^{8}-T/T_{机}$	$X=2^{8}-$计数值
	TH0	8	$M=2^{8}$			

表中，$T_{机}$ 为机器周期，因为单片机一般用 12 MHz 的晶振，所以 $T_{机}=12\times\dfrac{1}{12}$ μs$=1$ μs。

在方式 3 中，T0 被分离成两个独立的计数器，TL0 可定时可计数，TH0 只能定时。

计数值为脉冲个数。例如：选择定时器 T0，工作方式为方式 1，用 12 MHz 的晶振，延时 50 ms 即要求定时器定时 50 ms。因为一个机器周期是 1 μs，所以 1 ms 就是 1000 个机器周期，50 ms 就是 50000 个机器周期。最大定时时间 $T=2^{16}=65536$ μs，定时初值 $X=2^{16}-T/T_{机}=$ 65536$-$50000/1$=$15536$=$3CB0H，装入初值 TH0$=$0x3C 或 TH0$=$（65536$-$50000）/256，TL0 $=$0xB0 或 TL0$=$（65536$-$50000）%256。其中，/256、%256 是用来区分高 8 位和低 8 位的。

再例如：选择定时器 T1，工作方式为方式 0、方式 1 和方式 2，分别计算 100 个脉冲的计数初值 X。分析如下：100 个脉冲说明计数值就是 100。方式 0：$X=2^{13}-$计数值$=$8192$-$100$=$ 8092$=$1F9CH。方式 1：$X=2^{16}-$计数值$=$65536$-$100$=$65436$=$FF9CH。方式 2：$X=2^{8}-$计数值$=$256$-$100$=$156$=$9CH。装入初值分别如下：

方式 0：1F9CH$=$0001 1111 1001 1100B$=$1 1111 1001 1100B。由于 13 位计数器的高 8 位全用，低 8 位里面只用 5 位，所以在初值装入的时候我们要先还原出实际 X 值，将十六进制数

1F9C 化成二进制数,转换后将最左侧的 0 省略,然后从左开始,前 8 位为高 8 位的值,接着 5 位为低 8 位的有效值,还有 3 位无效值需要补上。实际 X 值应为:1111 1100　0001 110 0B = FC1CH。TH1=0xFC,TL1=0x1C。

方式 1:实际 X 值应为 FF9CH。TH1=0xFF,TL1=0x9C。

方式 2:实际 X 值应为 9CH。此时定时器 1 用作自动重装入初值的 8 位计数器,初值只月装入一次,之后自动装入。TH1=0x9C,TL1=0x9C。

5.5　定时/计数器使用实例

实例要求:使定时器 T0 以方式 1 工作,采用查询方式控制 P1.0 的蜂鸣器发出 1 kHz 的音频,单片机晶振频率为 12 MHz。

实例分析:因为使用的是定时器 T0,工作于方式 1,所以 TMOD 的方式字前 4 位都是 0;GATE 取 0,用软件触发;C/T 取 0,按定时器工作;M1、M0 取 0、1,工作于方式 1。综上,TMOD=00000001B。

计算初值:音频是 1 kHz,所以周期 $T=0.001\ \mathrm{s}=1000\ \mu\mathrm{s}$。晶振频率为 12 MHz,所以机器周期为 $T_{机}=1\ \mu\mathrm{s}$,又因为 T0 工作于方式 1,是 16 位计数,所以初值 $=2^{16}-T/T_{机}$。

装入初值:TH0=(65536-1000)/256,TL0=(65536-1000)%256。

5.5.1　硬件原理图绘制

在 Proteus 软件中画出蜂鸣器硬件厡理图(见图 5-5)。

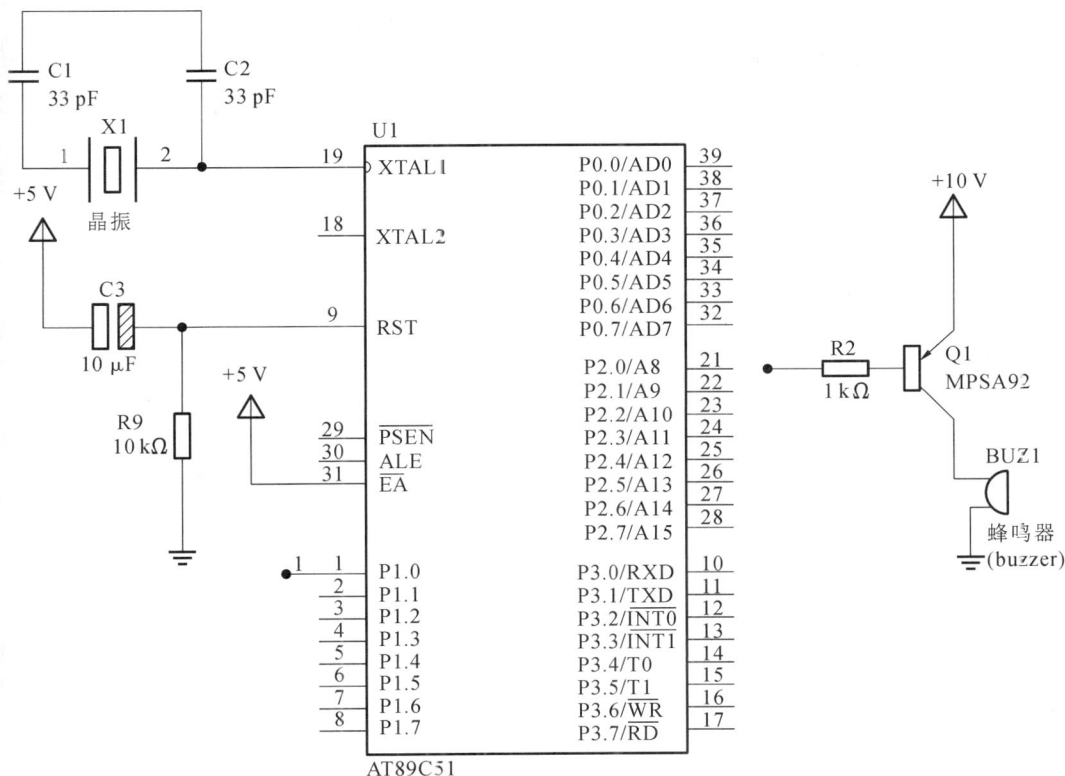

图 5-5　蜂鸣器硬件原理图

5.5.2 软件程序编译

在 Keil 软件里输入 C 语言程序,并转换成十六进制代码,如下。

```
#include<reg51.h>
sbit sound=P1^0;
void main(void){
    TMOD=0X01;
    TH0=(65536-1000)/256;
    TL0=(65536-1000)%256;
    TR0=1;
    while(1){
        while(TF0==0);
        TF0=0;
        sound=~sound;
        TH0=(65536-1000)/256;
        TL0=(65536-1000)%256;
    }
}
```

蜂鸣器仿真结果演示

思 考 题

(1) 在单片机中为什么要使用定时/计数器?

(2) 定时/计数器在什么情况下作为定时器使用,在什么情况下作为计数器使用?

(3) 要求:定时器 T0 工作于方式 1,用 12 MHz 的晶振,延时 100 ms。请计算初值并装入。

(4) 要求:定时器 T0 工作于方式 1,采用查询的方式控制 P3 口 8 位 LED 以 100 ms 为周期闪烁。请完成仿真。

第6章 单片机的中断系统

本章主要介绍中断的概念、中断的特点及功能、中断系统结构，以及如何使用中断系统。

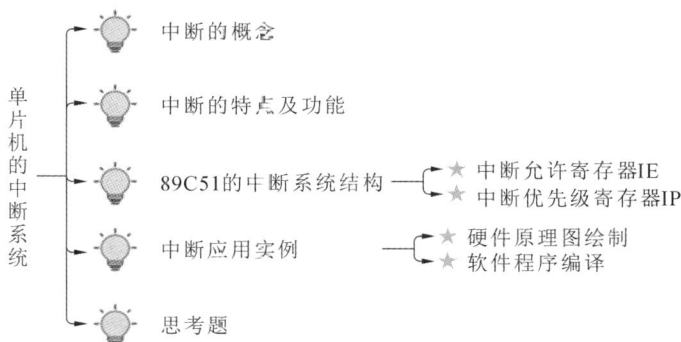

单片机的中断系统
- 中断的概念
- 中断的特点及功能
- 89C51的中断系统结构 —— ★ 中断允许寄存器IE ★ 中断优先级寄存器IP
- 中断应用实例 —— ★ 硬件原理图绘制 ★ 软件程序编译
- 思考题

视频教程

单片机的中断系统

6.1 中断的概念

当CPU在执行程序的时候，若产生由内部或外部的原因引起的随机事件，则CPU需要暂停正在执行的程序，转去执行需要优先处理的事件程序，处理完了以后再返回被中止的程序断点处继续执行原来的程序，这个过程就是中断。中断中的相关概念如下：

主程序——原来正常执行的程序；

中断服务子程序——中断后CPU转去执行的相应程序，也称为中断处理子程序；

断点——主程序被断开的位置（主要指的是地址）；

中断源——引起中断并发出中断申请的来源；

中断请求——中断源的服务请求；

中断优先级——中断源的管理机制，中断系统中有多个中断源时，根据其紧要程度分配不同优先级，做出先后处理的排队顺序。

中断嵌套——当一个中断服务子程序在执行的时候，另一个优先级更高的中断源提出了请求，使得CPU终止当前程序转去执行优先级更高的中断服务子程序，待处理完毕，返回断点继续执行程序的过程。

6.2　中断的特点及功能

中断系统可以提高CPU的运行效率,实时处理中断请求,快速处理故障和紧急情况,可以实现中断响应和中断返回、优先权排队、中断嵌套。

1) 提高CPU的运行效率

使用中断功能,CPU可以同时启动多个外设,充分利用其时间和功能,提高运行效率。

2) 实时处理

利用中断,CPU可以对有需要的需求进行及时处理,提高设备的响应速度,达到实时控制。

3) 故障处理

控制系统的最高要求是安全第一,所以设计时往往把容易出故障的设备的优先级排在最高级,这样一旦有故障就可以很快地处理。

当中断源提出中断请求时,CPU的处理过程如下。

(1) CPU收到中断请求后根据是否允许中断和相关的中断优先级判断是否响应此中断请求。

(2) CPU响应以后,先将断点处的PC值,也就是下一条要执行的指令的地址压入堆栈进行保护。

(3) 保护现场,也就是将有关的寄存器内容和标志位状态(PSW)压入堆栈进行保护。

(4) 执行中断服务子程序。

(5) 中断返回,也就是先恢复原保留寄存器的内容和标志位状态(用指令RETI实现),然后返回断点,继续执行主程序。

6.3　89C51的中断系统结构

89C51的中断系统结构如图6-1所示。

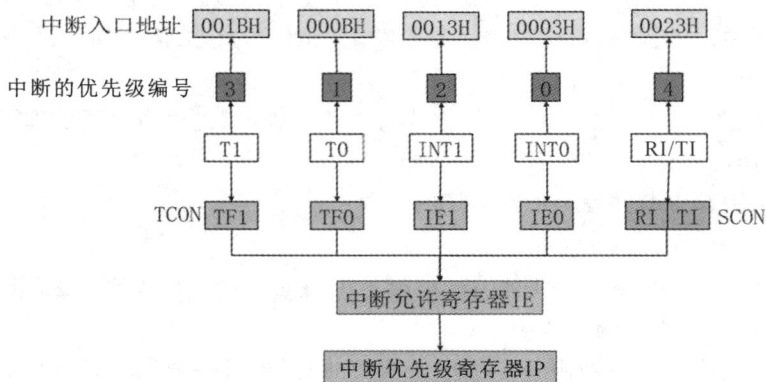

图6-1　89C51的中断系统结构

89C51有5个中断源,每个中断源的中断服务子程序的入口地址是有规定的,分别如下:

(1) INT0为外部中断0请求,中断服务子程序入口地址为0003H;

（2）INT1为外部中断1请求,中断服务子程序入口地址为0013H;

（3）TF0为定时器T0溢出中断请求,中断服务子程序入口地址为000BH;

（4）TF1为定时器T1溢出中断请求,中断服务子程序入口地址为001BH;

（5）RI和TI为串行中断请求,当串行口接收完一帧串行数据时置位RI(SCON.0位,硬件自动执行)或者当串行口发送完一帧串行数据时置位TI(SCON.1位,硬件自动执行),中断服务子程序入口地址为0023H。

中断源的优先级自高到低依次为外部中断0、定时/计数器T0溢出中断、外部中断1、定时/计数器T1溢出中断、串行口中断。

6.3.1 中断允许寄存器IE

中断允许寄存器IE的结构如图6-2所示。其中:EA为CPU中断总允许控制位,EA为1则允许中断,EA为0则关闭中断;ES为串行通信中断允许位;ET1为定时器T1中断允许位;EX1为外部中断1中断允许位;ET0为定时器T0中断允许位;EX0为外部中断0中断允许位。

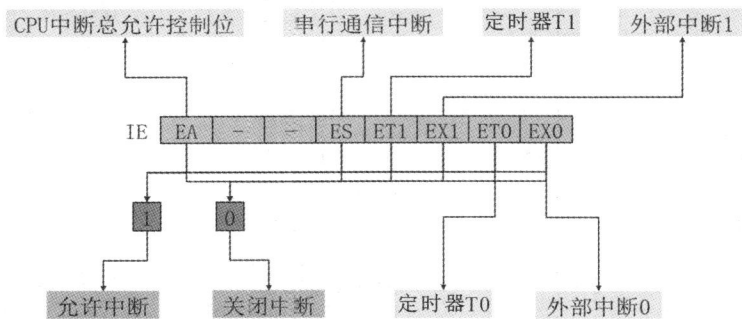

图6-2 中断允许寄存器IE的结构

6.3.2 中断优先级寄存器IP

中断优先级寄存器IP的结构如图6-3所示。其中:PS为串行通信中断优先级控制位,PS取1为高优先级,PS取0为低优先级;PT1为定时器T1中断优先级控制位;PX1为外部中断1优先级控制位;PT0为定时器T0中断优先级控制位;PX0为外部中断0优先级控制位。

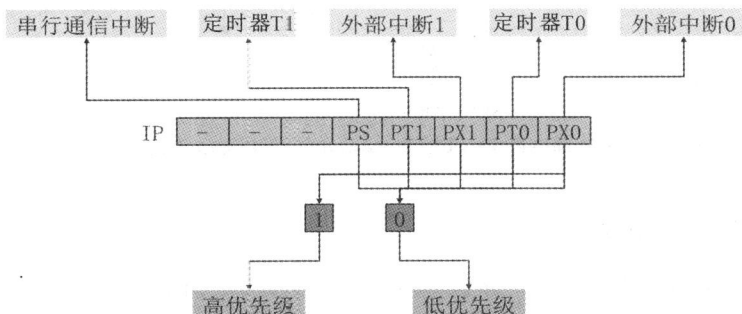

图6-3 中断优先级寄存器IP的结构

6.4　中断应用实例

实例要求:在P3.3引脚(INT1)上接一个按键S,用于外部中断1控制P2口8个LED的点亮和熄灭。当第一次按下按键时P2口8个LED点亮,再按下按键时P2口8个LED熄灭,如此循环。

6.4.1　硬件原理图绘制

在Proteus软件中画出硬件原理图(见图6-4)。

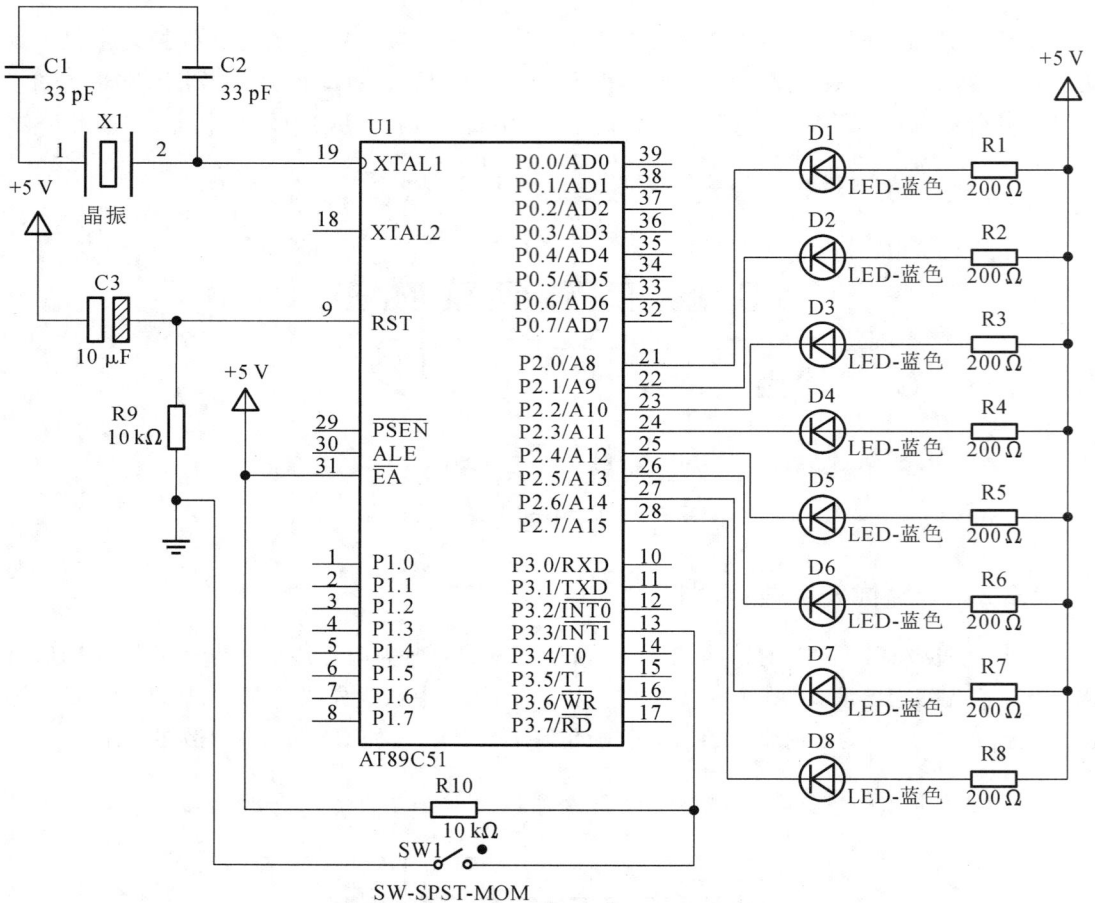

图6-4　用外部中断INT1控制P2口8个LED亮/灭的硬件原理图

6.4.2　软件程序编译

在Keil软件里输入C语言程序,并转换成十六进制代码,如下。

```
#include<reg51.h>
void main(void){
    EA=1;
    EX1=1;
```

```
    IT1=1;
    P2=0xff;
    while(1);
}

void int1(void)interrupt 2 using 0{
    P2=~P2;
}
```

8个LED闪烁仿真
结果演示

思　考　题

（1）你是如何理解中断的？

（2）简述中断的特点及功能。

（3）简要说明89C51的中断结构包括哪几部分。

（4）自行完成在P3.2引脚（INT0）接按键S，使用外部中断INT0控制P0口8个LED左循环点亮的仿真。

第7章　单片机的串行通信技术

本章主要内容为串行通信的概念、串行通信的分类及制式、串行通信接口内部结构,以及如何使用串行通信技术。

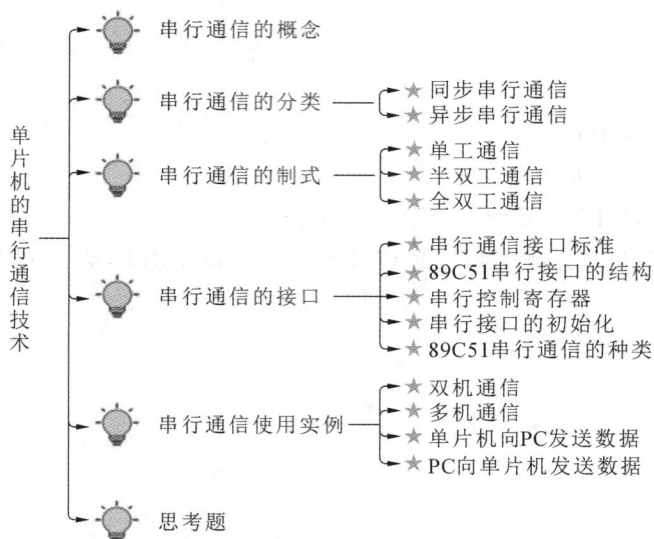

```
                          ┌─ 💡 串行通信的概念
                          │
                          │                        ┌─ ★ 同步串行通信
                          ├─ 💡 串行通信的分类 ──┤
                          │                        └─ ★ 异步串行通信
                          │
                          │                        ┌─ ★ 单工通信
    单                    ├─ 💡 串行通信的制式 ──┼─ ★ 半双工通信
    片                    │                        └─ ★ 全双工通信
    机
    的                    │                        ┌─ ★ 串行通信接口标准
    串                    │                        ├─ ★ 89C51串行接口的结构
    行 ──────────────────┤                        │
    通                    ├─ 💡 串行通信的接口 ──┼─ ★ 串行控制寄存器
    信                    │                        ├─ ★ 串行接口的初始化
    技                    │                        └─ ★ 89C51串行通信的种类
    术
                          │                        ┌─ ★ 双机通信
                          ├─ 💡 串行通信使用实例 ┼─ ★ 多机通信
                          │                        ├─ ★ 单片机向PC发送数据
                          │                        └─ ★ PC向单片机发送数据
                          │
                          └─ 💡 思考题
```

视频教程

[QR code]

串行通信技术

7.1　串行通信的概念

通信指的是计算机与计算机之间、计算机与外设之间的数据交换。通信的基本方式有两种:并行通信和串行通信。并行通信(见图7-1)中,数据同时传输,有多少位数据就需要多少条信号线,并行通信传输速度快,但是成本高,只适合短距离传输,所以这种通信方式不常用。串行通信(见图7-2)中,在传输的时候各位数据按逐位顺序依次传输,串行通信适合长距离传输,成本比较低,抗干扰能力也比较强,因此串行通信是最常用的。

图 7-1 并行通信

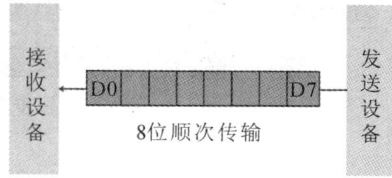

图 7-2 串行通信

7.2 串行通信的分类

串行通信可分为两大类:同步串行通信和异步串行通信。

7.2.1 同步串行通信

同步串行通信(见图 7-3)以数据块的方式进行传输,在传输的时候也是一位一位进行传输,但是传输的时候需要由一根连接收发双方的时钟信号线来进行控制,这根时钟信号线用来同步收发双方的时钟脉冲。

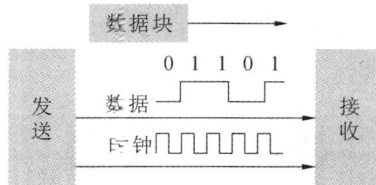

图 7-3 同步串行通信

7.2.2 异步串行通信

异步串行通信(见图 7-4)以字符构成的帧为单位进行传输,收发双方使用各自的时钟控制数据的接收和发送。但是我们在使用这种通信方式的时候,为了使双方收发协调,要求发送设备和接收设备的时钟尽可能保持一致。

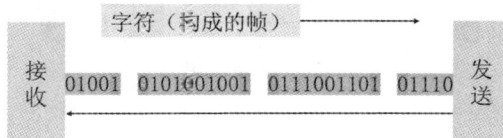

图 7-4 异步串行通信

异步串行通信的一帧字符包含 1 位起始位(用 0 表示)、8 位数据位(每一位用 0 或 1 表示)、1 位奇偶校验位(用 0 或 1 表示),以及 1 位停止位(用 1 表示),有的还会有空闲位,如图 7-5 所示。在传输的时候,一帧数据传输完了接着再传输下一帧数据。

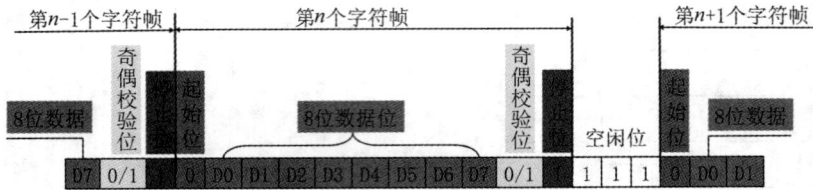

图7-5　异步串行通信的字符帧数

7.3　串行通信的制式

串行通信的制式主要分为三种：单工通信、半双工通信、全双工通信。

7.3.1　单工通信

单工通信只能单向传输数据，如图7-6所示，比如广播以及20世纪80年代的BP机。

图7-6　单工通信

7.3.2　半双工通信

半双工通信的两端都可以接收和发送数据，但是一方在发送的时候，另一方只能接收，不能发送，如图7-7所示，比如对讲机。

图7-7　半双工通信

7.3.3　全双工通信

全双工通信是现在最常用的通信方式，两端可以同时接收和发送数据，如图7-8所示，比如手机。我们讲的89C51单片机也采用全双工通信方式。

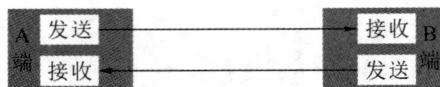

图7-8　全双工通信

7.4　串行通信的接口

7.4.1　串行通信接口标准

接口标准就是定义若干条信号线，使得接口电路标准化、通用化。单片机常用的串行接口标准有RS-232C、I2C、SPI等。

RS-232C 总线接口标准有 25 条信号线,但是常用的只有 9 条,如图 7-9 所示。DB25 和 D39 的引脚对应关系如表 7-1 所示。

25芯D型插头　　　　25芯D型插座　　　　9芯D型插头　　9芯D型插座

图 7-9　RS-232C 总线接口标准

表 7-1　DB25 和 DB9 引脚对应关系

DB25	DB9	信号名称	信号传送方向	含义
2	3	TXD	输出	数据发送端
3	2	RXD	输入	数据接收端
4	7	RTS	输出	请求发送(计算机要求发送数据)
5	8	CTS	输入	清除发送(调制解调器准备接收数据)
6	6	DSR	输入	数据设备准备就绪
7	5	SG		信号地
8	1	DCD	输入	数据载波检测
20	4	DTR	输出	数据终端准备就绪(计算机)
22	9	RI	输入	响铃指示

多数微机、计算机终端和外设都配有 RS-232C 串行接口,所以近距离通信可以将通信双方直接连接,所用的 3 条线分别是"发送数据线""接收数据线""信号地线",这种方式称为零调制解调。三线通信连接如图 7-10 所示。

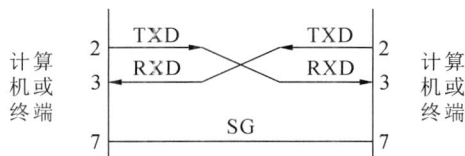

图 7-10　三线通信连接

但是远距离数据传输必须配合使用调制解调器(Modem)和电话线,如图 7-11 所示。

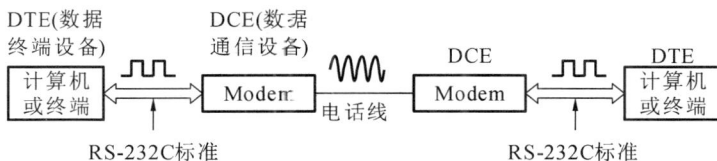

图 7-11　远程串行通信连接

7.4.2　89C51串行接口的结构

89C51串行接口的结构如图7-12所示,其内有一个可直接寻址的串行数据缓冲寄存器SBUF,该寄存器由发送寄存器、接收寄存器两部分组成,共用一个地址99H,可同时发送和接收数据。89C51串行接口内还有一个串行控制寄存器SCON。单片机通过串行数据接收引脚P3.0及串行通信发送引脚P3.1与外界通信。

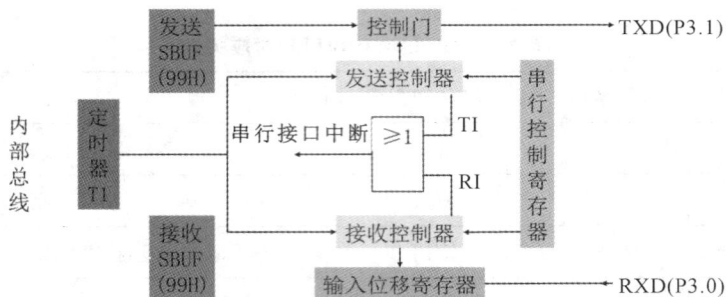

图7-12　89C51串行接口的结构

7.4.3　串行控制寄存器

串行控制寄存器SCON的结构如图7-13所示。串行控制寄存器用于设定串行接口的工作方式,地址为98H,有位寻址功能,各位的功能如表7-2所示(表中f_{osc}为时钟频率,也称为振荡频率)。

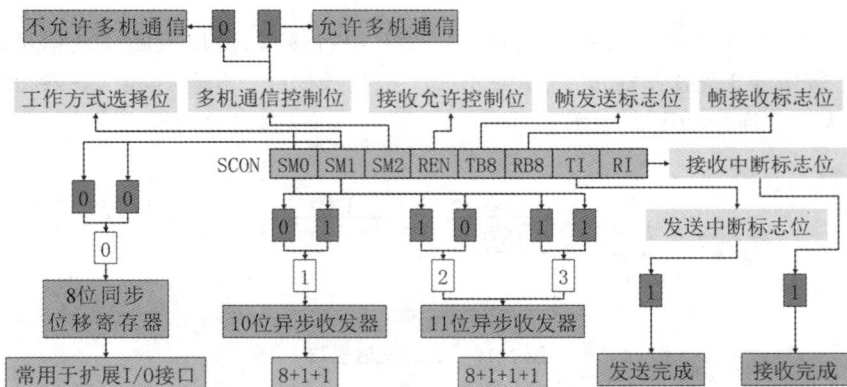

图7-13　串行控制寄存器SCON的结构

表7-2　SM0、SM1工作方式对照表

SM0	SM1	方式	功能说明	波特率
0	0	0	移位寄存器方式	$f_{osc}/12$
0	1	1	8位UART	可变
1	0	2	8位UART	$f_{osc}/64$或$f_{osc}/32$
1	1	3	8位UART	可变

7.4.4 串行接口的初始化

运用89C51进行串行通信前必须对其进行初始化。初始化包括以下步骤:

(1) 设定T1的工作方式(TMOD编程);

(2) 算出T1的初值,装入TH1、TL1;

(3) 确定SMOD的值(PCON编程);

(4) 启动T1(TCON中的TR1位);

(5) 确定串行接口通信方式(SCON编程);

(6) 若工作在中断状态,则进行中断设置(IE、IP寄存器编程)。

7.4.5 89C51串行通信的种类

89C51常见的串行通信种类包括:

(1) 双机通信;

(2) 多机通信;

(3) 单片机向PC发送数据;

(4) PC向单片机发送数据。

7.5 串行通信使用实例

7.5.1 双机通信

实例要求:单片机U1的P1口接有D1、D2两个LED,单片机U2的P1口接有一个7段数码管。实现单片机U1通过键位控制向单片机U2发送数据代码,单片机U2接收到代码后驱动数码管显示,数码管显示后再向单片机U1回送一数据,使D1点亮,证明两个单片机第一次通信成功;再返回键扫描,查询按键是否按下,如按键按下,则U1向U2发送点亮数码管的数据代码,然后U2向U1回送一数据点亮D2。

实例分析:这里有两个单片机,我们在进行程序设计时就需要分别给U1和U2设计两个不同的程序。

对U1编程,用方式2,设置串行控制寄存器SCON,SM0=1,SM1=0,REN=1(允许接受),波特率为9600波特(每个信号单元表示1 bit,则对应比特率为9600 b/s),SMOD=0,算出TH1=FAH。

对U2编程,用方式1,设置串行控制寄存器SCON,SM0=0,SM1=1,REN=1(允许接受),波特率为9600波特,SMOD=0,算出TH1=FAH。

1.硬件原理图绘制

在Proteus软件中画出双机通信硬件原理图(见图7-14)。

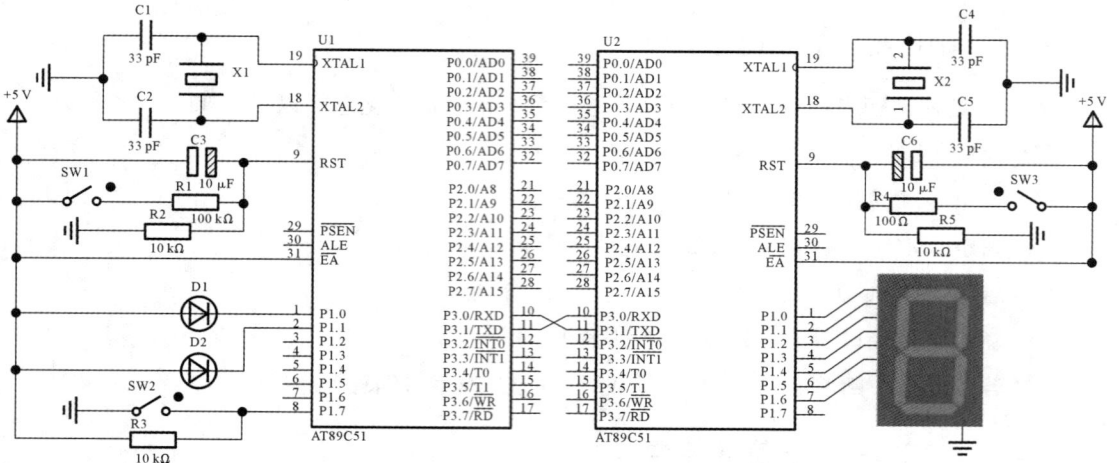

图 7-14　双机通信硬件原理图

2. 软件程序编译

在 Keil 软件里输入 C 语言程序,并转换成十六进制代码。

7.5.2　多机通信

多机通信系统常采用总线型主从式结构,用 RS-485 串行标准总线进行数据传输。为了实现主机与从机的可靠通信,通信接口要具有识别功能。串行控制寄存器中的 SM2 就是多机控制位。

SM2 为 1(在串行接口以方式 2 或方式 3 接收数据的情况下)表示多机通信功能。若此时收到的第 9 位数据为 1,则数据装入 SBUF,并使得 RI=1,向 CPU 发出中断请求;若此时收到的第 9 位数据为 0,则不产生中断,信息丢失。

SM2 为 0 时,接收到的第 9 位信息不论是 0 还是 1,都产生 RI=1 的中断标志,接收到的数据装入 SBUF。据此功能可实现多机串行通信。

多机通信原理如图 7-15 所示。

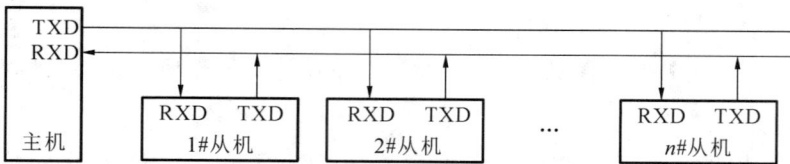

图 7-15　多机通信原理示意图

7.5.3　单片机向 PC 发送数据

用单片机 U1 通过串行接口 TX(P3.1 引脚)向 PC 发送数据。

1. 硬件原理图绘制

在 Proteus 软件中画出硬件原理图(见图 7-16)。

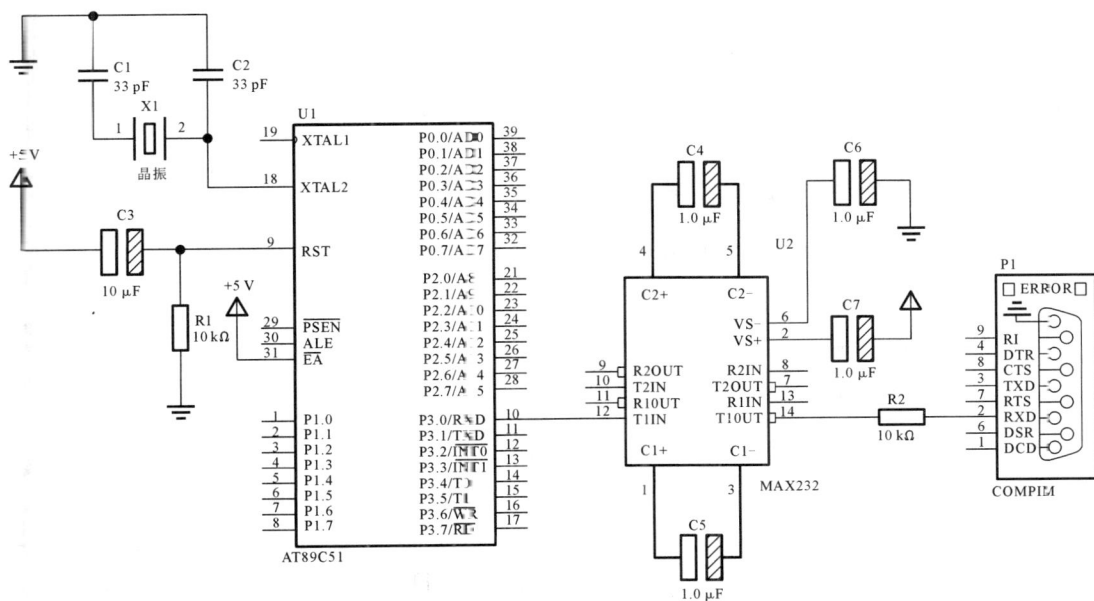

图7-16 单片机向PC发送数据的硬件原理图

2.软件程序编译

在Keil软件里输入C语言程序,并转换成十六进制代码,如下。

```c
#include<reg51.h>
unsigned char code Tab[]={0x7E,0xFD,0xFB,0xF7,0xEF,0xDF,
                          0xBF,0x7F};
void send(unsigned char dat){
    SBUF=dat;
    while(TI==0);
    TI=0;
}
void delay(void){
    unsigned int m;
    for(m=0;m<50000;m++);
}
void main(void){
    unsigned char i;
    TMOD=0x20;
    SCON=0x40;
    PCON=0x00;
    TH1=0xfa;
    TL1=0xfa;
    TR1=1;
    while(1){
        for(i=0;i<8;i++){
            send(Tab[i]);
```

单片机向PC发送数据
仿真结果演示

```
        delay();
     }
   }
}
```

7.5.4　PC向单片机发送数据

PC向单片机U1通过串行接口RXD(P3.0引脚)发送数据,单片机把接收到的数据在P1口用LED显示出来。

1.硬件原理图绘制

在Proteus软件中画出硬件原理图(见图7-17)。

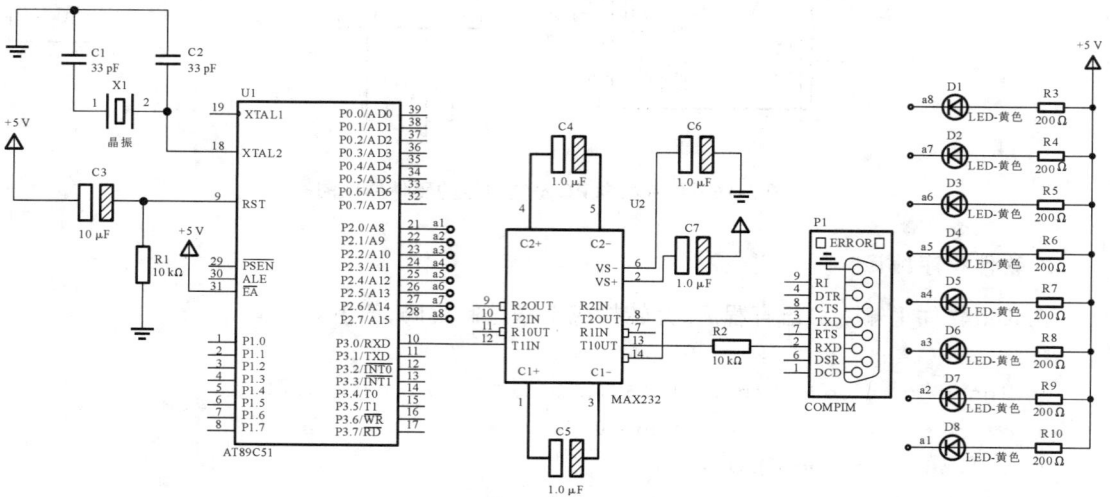

图7-17　PC向单片机发送数据的硬件原理图

2.软件程序编译

在Keil软件里输入C语言程序,并转换成十六进制代码,如下。

```
#include<reg51.h>
unsigned char receive(void){
    unsigned char dat;
    while(RI==0);
    RI=0;
    dat=SBUF;
    return dat;
}
void main(void){
    TMOD=0x20;
    SCON=0x50;
    PCON=0x00;
    TH1=0xfa;
    TL1=0xfa;
```

**PC向单片机发送数据
仿真结果演示**

```
    TR1=1;
    REN=1;
    while(1){
        P2=receive();
    }
}
```

思 考 题

(1) 简述串行通信的分类、制式并说明其区别。

(2) 串行接口包括哪几部分？串行控制寄存器SCON标志位的作用是什么？

第8章 单片机的接口技术

本章主要内容包括单片机的输入主体键盘、输出主体显示器的结构及使用。

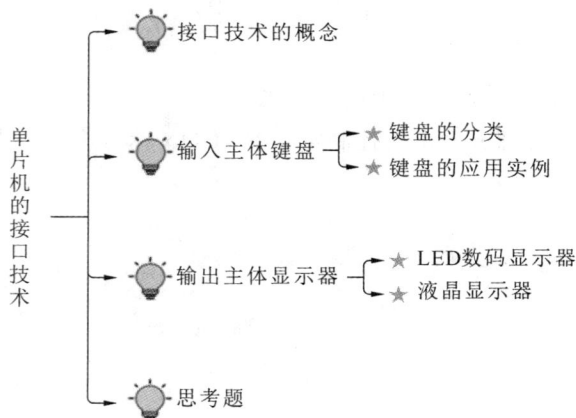

视频教程

单片机的接口技术

8.1 接口技术的概念

单片机只是控制器的运算核心部件,它将外设的信息输入作为控制信息的给定值进行运算,然后将运算结果输出到外设使其执行相应动作。信息的输入和输出都需要使用相应的部件来完成,使得单片机能够顺利地与外设联络。完成单片机与外设之间数据输入、输出的硬件和软件部分统称为接口技术。传统上,在输入通道上还应有将外界的模拟量转换成数字量的 A/D 转换器,在输出通道上还应有将数字量转换成模拟量的 D/A 转换器。但是由于大规模集成技术的应用,现有的器件大部分内部都自带 A/D 和 D/A 转换功能,可以直接使用。

8.2 输入主体键盘

8.2.1 键盘的分类

单片机的输入设备主要是键盘。使用中的键盘主要有两大类:一类是编码键盘,另一类是非编码键盘。编码键盘利用专用的硬件电路识别输入,产生相应的编码并将其送达 CPU,

但由于成本问题,在一般开发应用中不会使用。常用的是非编码键盘,非编码键盘靠软件来识别输入,开发者只需要编制相应的键盘管理程序就可以了。非编码键盘结构简单,使用起来也比较灵活,价格也较低,在单片机中普遍应用。

键盘的处理过程分为以下几个步骤:

(1) 首先判断是否有键按下,判断方法包括外部中断方法和定时查询捕捉方法。

(2) 去抖动处理。当判断为有键按下的状态时,软件延时若干毫秒,如果仍检测到有键按下的状态,就按照有键按下的情况处理,否则认为是抖动状态。单片机中按键就是键盘的表现形式,但是按键在闭合与断开的瞬间会出现电压抖动,造成一次按键多次处理,所以我们在使用的时候需要进行去抖动处理。去抖动处理一般有两种方式:一种是硬件方式,即直接在系统中加去抖动电路,从根本上避免抖动;另一种是软件方式,即采用延时的方法,躲过抖动,等信号稳定了以后再进行扫描。

(3) 判断是哪个键处于按下状态,并根据输入信息进行相应的技术处理。

8.2.2　键盘的应用实例

实例要求:按键 S 接到 P1.7,LED 接 P2.0,按下按键 S 则 LED 点亮,再次按下按键 S 则 LED 熄灭,如此循环。

1. 硬件原理图绘制

在 Proteus 软件中画出硬件原理图(见图 8-1)。

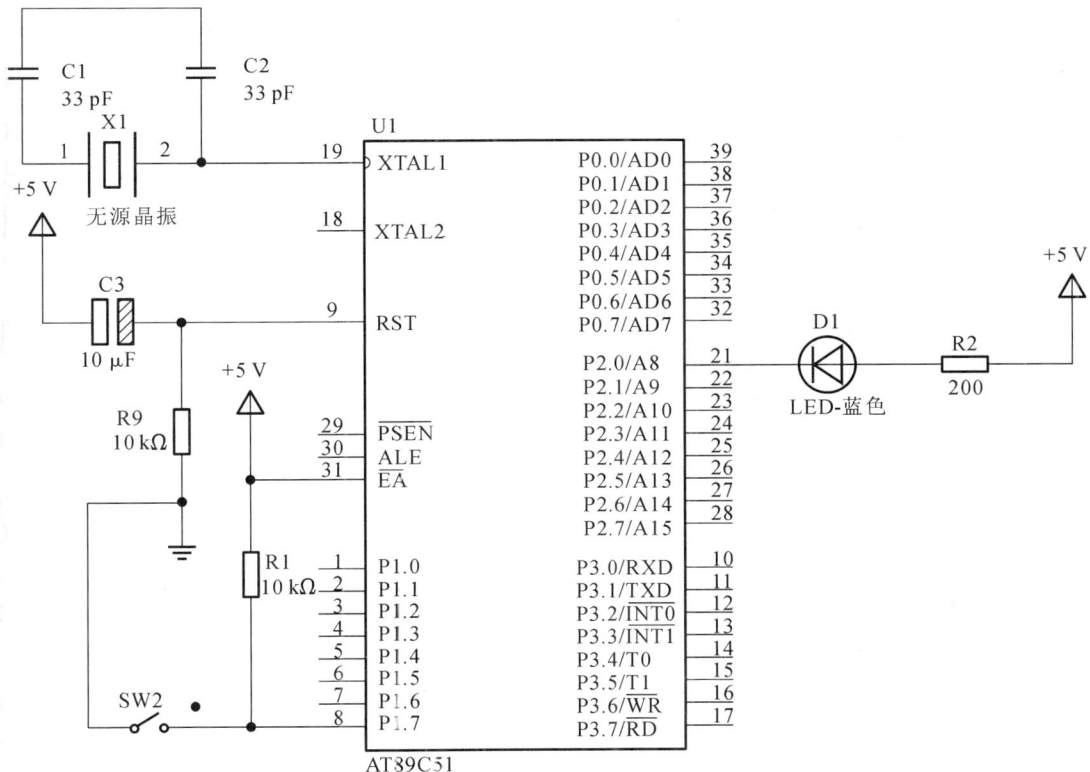

图 8-1　按键控制 LED 循环亮/灭的硬件原理图

2.软件程序编译

在Keil软件里输入C语言程序,并转换成十六进制代码,如下。

```c
#include <reg51.h>
sbit S=P1^7;                //S接在P1.7口
sbit LED0=P2^0;             //LED0接在P2.0
void delay(void){//延时30 ms,用于防抖动
    unsigned char i,j;
    for(i=0;i<100;i++)
    for(j=0;j<100;j++)
}
void main(void){//主函数起始
    LED0=0;
    while(1){
        if(S==0){//查询S键是否按下
            delay();//调用延时,判断是否有抖动
        if(S==0)//确定按键按下
            LED0=!LED0;//输出取反
        }
    }
}
```

按键控制**LED**循环
亮/灭仿真结果演示

8.3 输出主体显示器

单片机的输出信号一般有两大类,一类用于显示,另一类作为控制信号。若输出信号作为控制信号,则只需要从某个确定的端口输出到相应的执行机构上,相对简单。这里重点介绍输出信号用于显示时需要用到的单片机显示器接口技术。目前单片机常用的显示设备有LED数码显示器和液晶显示器(LCD)。

8.3.1 LED数码显示器

1.LED数码显示器的构成

LED数码显示器的基本组成单元是LED数码管。LED数码管主要用来显示数字、字母和符号。如图8-2所示,LED数码管由8只发光二极管组成,其中7只发光二极管排成"8"字形,另外一只二极管构成小数点(dp)。

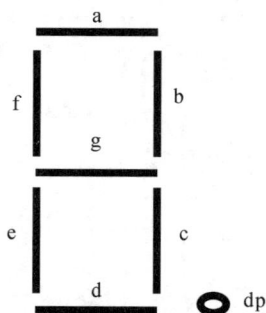

　　LED数码显示器有共阴极和共阳极两种结构,如图8-3所示。共阴极结构就是将8个二极管的阴极连接在一起,用共阴极进行控制,需要调节二极管阳极的高低电平。共阳极结构就是将8个二极管的阳极连接在一起,用共阳极进行控制,需要调节二极管阴极的高低电平。

图8-2　LED数码管结构

(a) 共阳极

(b) 共阴极

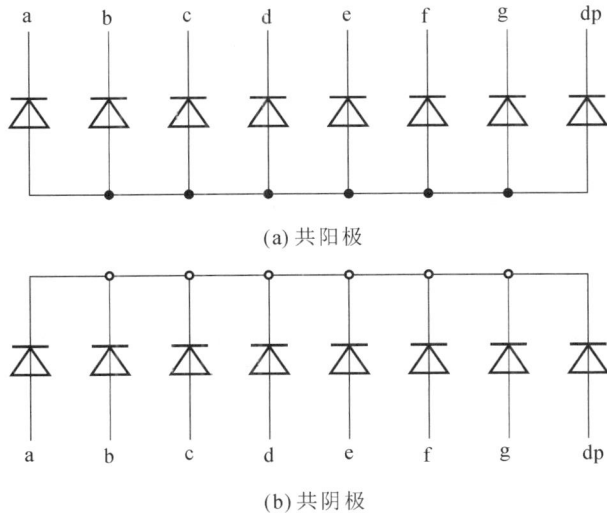

图 8-3 LED 数码显示器结构

　　LED 数码管的 8 段正好对应一个字节的 8 个数据位。编码时需要将单片机数据总线的 D0~D7 分别和数码管的 a~dp 对应相连,如表 8-1 所示。

表 8-1 LED 数码管各段对应的数据位

数据位	D7	D6	D5	D4	D3	D2	D1	D0
数码管	dp	g	f	e	d	c	b	a

　　其中 a~g 这 7 个发光二极管加正电压时发光,加零电压时不发光,通过不同的亮灭组合形式显示不同的字符。比如要想显示"5"这个数字(见图 8-4),编码时先写共阴极段码,此时需要对阳极的高低电平进行控制,注意写的时候从右往左写;二极管 a 亮,就要给二极管 a 的阳极一个高电平,用 1 表示,二极管 b 不亮,就要给二极管 b 的阳极一个低电平,用 0 表示,以此类推,就可以写出数字 5 的共阴极段码,如表 8-2 所示。共阳极段码由二极管阴极的高低电平控制,与共阴极的情况刚好相反,如表 8-3 所示。

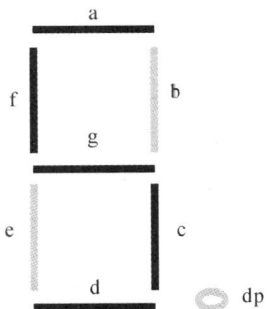

图 8-4 LED 显示数字 5

表 8-2 数字 5 共阴极对应数据位

数据位	0	1	1	0	1	1	0	1
数码管	dp	g	f	e	d	c	b	a

表 8-3 数字 5 共阳极对应数据位

数据位	1	0	0	1	0	0	1	0
数码管	dp	g	f	e	d	c	b	a

　　查数码管段码表(见表 8-4)可知数字 5 的共阴极段码是 6DH,共阳极段码是 92H。

表 8-4　数码管段码表

字符	共阴极段码	共阳极段码	字符	共阴极段码	共阳极段码
0	3FH	C0H	A	77H	88H
1	06H	F9H	B	7CH	83H
2	5BH	A4H	C	39H	C6H
3	4FH	B0H	D	5EH	A1H
4	66H	99H	E	79H	86H
5	6DH	92H	F	71H	8EH
6	7DH	82H	H	76H	09H
7	07H	F8H	P	73H	8CH
8	7FH	80H	U	3EH	C1H
9	6FH	90H	灭	00H	FFH

　　也可以结合进制转换(见表8-5),将我们写的二进制码转换成段码表给的十六进制码,因为编程常用的编码机制是十六进制。比如数字5,我们写的时候是从右往左写的,但是转换的时候要从左往右转换。共阴极段码从左往右前4位是0110,转换成十六进制就是6,后4位是1101,转换成十六进制是D,所以共阴极段码的十六进制码就是6D;共阳极段码从左往右前4位是1001,转换成十六进制就是9,后四位是0010,转换成十六进制就是2,所以共阳极段码的十六进制码就是92。

表 8-5　进制转换对照表

十进制	十六进制	二进制	十进制	十六进制	二进制
0	0	0000	8	8	1000
1	1	0001	9	9	1001
2	2	0010	10	A	1010
3	3	0011	11	B	1011
4	4	0100	12	C	1100
5	5	0101	13	D	1101
6	6	0110	14	E	1110
7	7	0111	15	F	1111

2.LED数码显示器应用实例

实例要求:用LED数码显示器循环显示数字0～9。

1) 硬件原理图绘制

在Proteus软件中画出硬件原理图(见图8-5)。

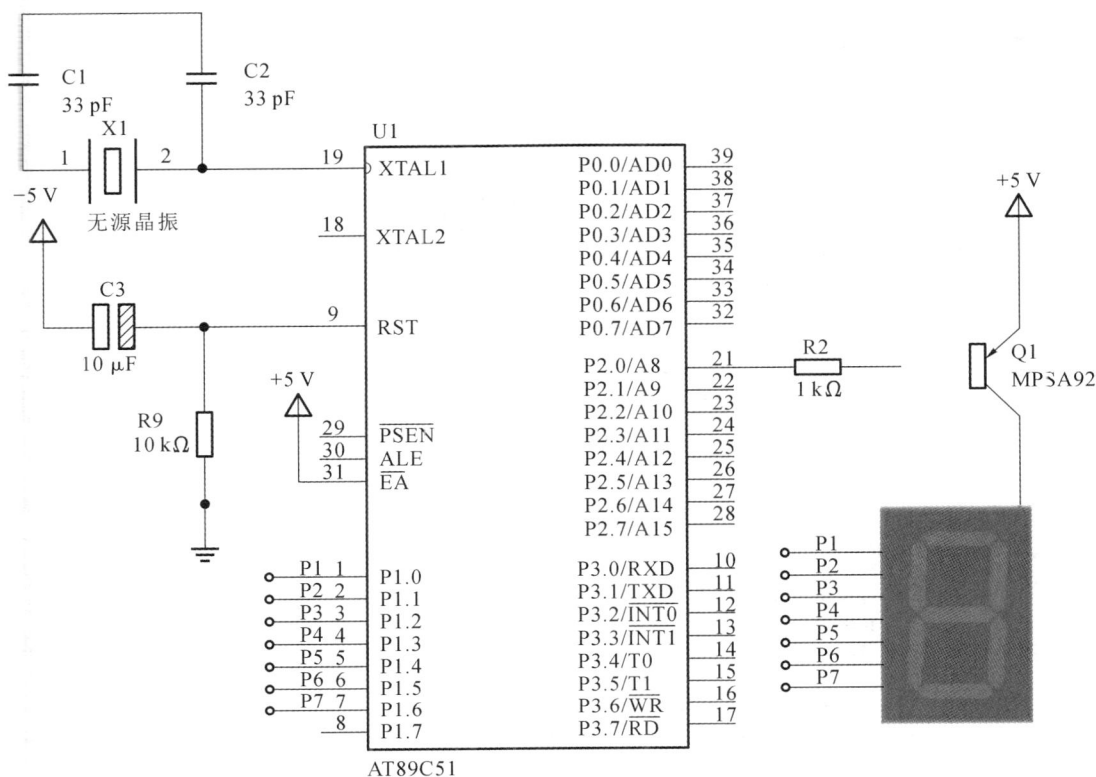

图 8-5　LED 数码显示器循环显示数字 0~9 的硬件原理图

2) 软件程序编译

在 Keil 软件里输入 C 语言程序，并转换成十六进制代码，如下。

```
#include<reg51.h>
void delay(void){//延时200 ms
    unsigned chari,j;
    for(i=0;i<255;i++);
    for(j=0;j<255;j++);
}
void main(void){
    unsigned char i;
    unsigned char code Tab[10]={0xc0,0xf9,0xa4,0xb0,0x99,0x92,0x82,
                                0xf8,0x80,0x90};
    P2=0xfe;//P2.0引脚输出低电平,数码管接通电源
    while(1){//一直循环
        for(i=0;i<10;i++){
            P1=Tab[i];//P1口输出数字i的段码
            delay();//调延时子程序
        }
    }
}
```

**LED 数码显示器循环显示
数字 0~9 仿真结果演示**

8.3.2　液晶显示器

1.液晶显示器的构成

液晶显示器(LCD)主要用来显示比数字稍微复杂一些的英文、汉字和图形,当然也可以显示数字,显示的类型分为笔段型、字符型和点阵图形。典型的LCD产品为LCD1602。LCD1602采用14脚(无背光)或16脚(有背光),其引脚功能如表8-6所示。

表8-6　LCD1602的引脚功能表

编号	符号	引脚说明	编号	符号	引脚说明
1	VCC	电源地	9	D2	数据
2	VDD	电源正极	10	D3	数据
3	VL	液晶显示偏压	11	D4	数据
4	RS	数据/命令选择	12	D5	数据
5	R/W	读写选择	13	D6	数据
6	E	使能信号	14	D7	数据
7	D0	数据	15	BLA	背光源正极
8	D1	数据	16	BLK	背光源负极

使用时要对其显示模式进行初始化,步骤如下:

(1)延时,给LCD一定的反应时间。

(2)写指令38H(设置液晶的显示模式);延时,写指令38H;延时,写指令38H(连续设置3次,确保初始化成功)。

(3)LCD1602的控制指令总共有11条(见表8-7),根据不同的功能写成。

表8-7　LCD1602的控制指令表

编号	指令	RS	RW	D7	D6	D5	D4	D3	D2	D1	D0
1	清屏	0	0	0	0	0	0	0	0	0	1
2	光标返回	0	0	0	0	0	0	0	0	1	*
3	输入模式	0	0	0	0	0	0	0	1	I/D	S
4	显示控制	0	0	0	0	0	0	1	D	C	B
5	光标/字符移位	0	0	0	0	0	1	S/C	R/L	*	*
6	功能	0	0	0	0	1	DL	N	F	*	*
7	置字符发生器地址	0	0	0	1	字符发生存储器地址					
8	置数据存储器地址	0	0	1	显示数据存储器地址						
9	读忙碌标志和地址	0	1	BF	计数器地址						
10	写数据到指令7、8所设地址	1	0	要写的数据							
11	从指令7、8所设的地址读数据	1	1	读出的数据							

（4）显示一个字符的操作过程为：读状态，写指令，写数据，自动显示。LCD1602的读写操作规定如表8-8所示。

表8-8　LCD1602的读写操作规定

读状态	输入	RS＝0,R/W＝1,E＝1	输出	D0～D7＝状态字
写指令	输入	RS＝0,R/W＝0,D0～D7＝指令码,E＝高脉冲	输出	无
读数据	输入	RS＝1,R/W＝1,E＝1	输出	D0～D7＝数据
写数据	输入	RS＝1,R/W＝0.D0～D7＝指令码,E＝高脉冲	输出	无

2.液晶显示器应用实例

实例要求：用LCD循环右移显示"China Dream"。

1）硬件原理图绘制

在Proteus软件中画出硬件原理图（见图8-6）。

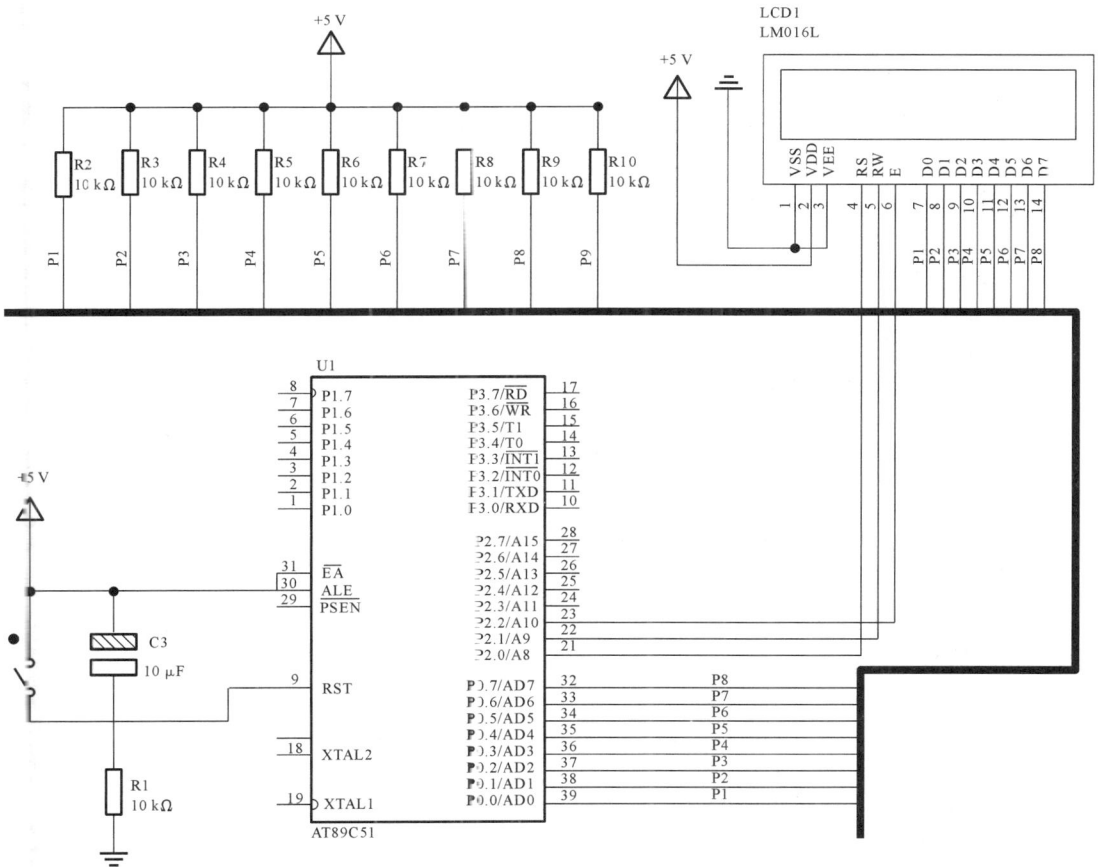

图8-6　LCD循环右移显示"China Dream"的硬件原理图

2）软件程序编译

在Keil软件里输入C语言程序，并转换成十六进制代码，如下。

```
#include<reg51.h>
```

```
#include<intrins.h>
sbit RS=P2^0;
sbit RW=P2^1;
sbit E=P2^2;
sbit BF=P0^7;
unsigned char code string[]={"China Dream"};
void delay1ms( ){
    unsigned char i,j;
    for(i=0;i<10;i++);
    for(j=0;j<33;j++);
}
void delay(unsigned char n){
    unsigned char i;
    for(i=0;i<n;i++);
    delay 1 ms();
}
unsigned char BusyTest(void){
    bit M;
    RS=0;//根据规定,RS为低电平、RW为高电平时,为读状态
    RW=1;
    E=1;//E=1,才允许读写
    _nop_();//空操作
    _nop_();
    _nop_();
    _nop_();//空操作4个机器周期
    M=BF;//将忙碌标志电平赋给result
    E=0;
    return M;
}
void WriteInstruction(unsigned char dictate){
    while(BusyTest()==1);//如果忙碌,就等待
    RS=0;// 根据规定,RS和RW同为低电平时,可以写入指令
    RW=0;
    E=0;//E设置低电平
    _nop_();
    _nop_();
    P0=dictate;//将数据送入P0口
    _nop_();
    _nop_();
    _nop_();
    _nop_();
    E=1;//E设置高电平
    _nop_();
    _nop_();
```

```
    _nop_();
    _nop_();
    E=0; //E由高电平变为低电平时,液晶模块开始执行指令
}
void WriteAddress(unsigned char x){
    WriteInstruction(x|0x80);
}
void WriteData(unsigned char y){
    while(BusyTest()==1);
    RS=1; // RS为高电平、RW为低电平时,可以写入数据
    RW=0;
    E=0; //E设置低电平
    P0=y;
    _nop_();
    _nop_();
    _nop_();
    _nop_();
    E=1; //E设置高电平
    _nop_();
    _nop_();
    _nop_();
    _nop_();
    E=0; //E由高电平变为低电平时,液晶模块开始执行指令
}
void LcdInitiate(void){
    delay(15);
    WriteInstruction(0x38);
    delay(5);
    WriteInstruction(0x38);
    delay(5);
    WriteInstruction(0x38);
    delay(5);
    WriteInstruction(0x0f);
    delay(5);
    WriteInstruction(0x06);
    delay(5);
    WriteInstruction(0x01);
    delay(5);
}
void main(void){
    unsigned char i;
    LcdInitiate();//调用LCD初始化函数
    delay(10);
    while(1){
```

LCD 循环右移显示
"China Dream"仿真
结果演示

```
WriteInstruction(0x01);
WriteAddress(0x00);
i=0;
while(string[i]!='\0'){
    WriteData(string[i]);
    i++;
    delay(150);
}
for(i=0;i<4;i++);
delay(250);
    }
}
```

思 考 题

（1）简述输入主体键盘的分类，并说明为什么要进行去抖动处理。

（2）试写出数字7的LED段码，要求有完整的过程描述。

第9章　实　　验

9.1　实验一:跑马灯

9.1.1　实验要求

（1）掌握 while 语句功能及编程方法。

（2）掌握延时程序编写方法。

9.1.2　实验描述

设计一个用 while 语句实现 P2 口 8 只 LED 显示状态的程序。

9.1.3　硬件原理图绘制

图 9-1 为跑马灯硬件原理图。

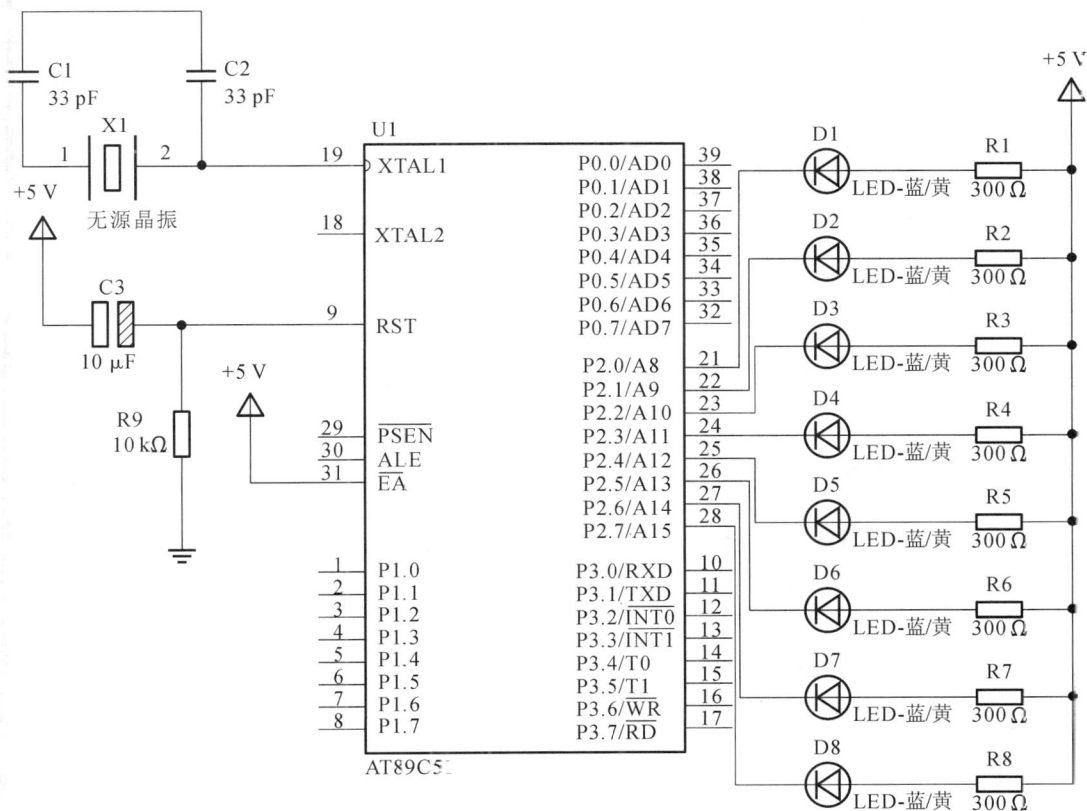

图 9-1　跑马灯硬件原理图

9.1.4　程序编译

跑马灯程序如下。

```
# include<reg51.h>
void delay(void){
    unsigned j;
    for(j=0;j<30000;j++);//延时
}
void main(void){
    while(1){
        P2=0xfe;
        delay();
        P2=0xfd;
        delay();
        P2=0xfb;
        delay();
        P2=0xf7;
        delay();
        P2=0xef;
        delay();
        P2=0xdf;
        delay();
        P2=0xbf;
        delay();
        P2=0x7f;
        delay();
    }
}
```

跑马灯仿真结果演示

9.2　实验二:用指针数组实现多状态显示

9.2.1　实验要求

(1)掌握指针运算符"*"的功能及编程。
(2)掌握利用指针数组实现多状态显示的编程。
(3)掌握数组关键字code的功能及编程。
(4)掌握while语句功能及编程。

9.2.2　实验描述

利用P1口8只LED显示多状态。设计一个程序,用指针数组实现以下功能:先设置一个变量i,当i=1时,LED1发光(被点亮);当i=2时,LED1、LED2发光;当i=3时,LED1、LED2、

LED3发光……当i=8时,LED1~LED8都发光;当i=9时,LED1~LED8都熄灭;当i=10时,LED1发光;当i=11时,LED2发光;当i=12时,LED3发光;当i=13时,LED4发光;当i=14时,LED5发光;当i=15时,LED6发光;当i=16时,LED7发光;当i=17时,LED8发光;当i=18时,LED1~LED4发光;当i=19时,LED5~LED8发光;当i=20时,LED1、LED3、LED5、LED7发光。

9.2.3　硬件原理图绘制

图9-2为用指针数组实现多状态显示的硬件原理图。

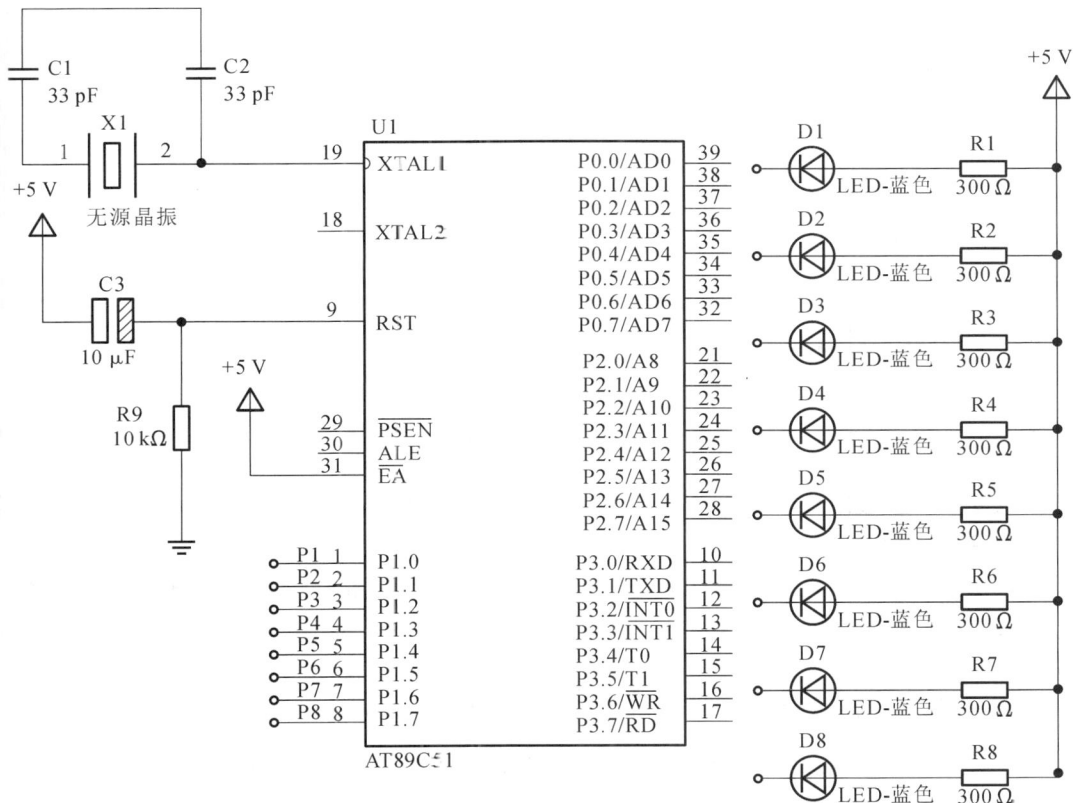

图 9-2　用指针数组实现多状态显示的硬件原理图

9.2.4　程序编译

```
#include<reg51.h>
void delay(void){
    unsigned int i;
    for(i=0;i<50000;i++);
}
void main(void){
    unsigned char i;
    unsigned char code Tab[ ]={0xfe,0xfc,0xf8,0xf0,0xe0,0xc0,0x80,0x00,
```

用指针数组实现多状态显示仿真结果演示

```
                              0xff,0xfe,0xfd,0xfb,0xf7,0xef,0xdf,0xbf,
                              0x7f,0xf0,0x0f,0xaa};
    unsigned char *P;
    P=Tab;
    while(1){
        for(i=0;i<20;i++){
            P1=*(P+i);
            delay( );
        }
    }
}
```

9.3　实验三:用定时器 T0 控制蜂鸣器发出 1 kHz 音频

9.3.1　实验要求

(1)掌握定时/计数器的工作方式 TMOD 设置。

(2)掌握定时/计数器初值的计算。

(3)掌握定时器 T0 工作于方式 1 的编程方法。

9.3.2　实验描述

使定时器 T0 工作于方式 1,采用查询方式控制 P1.0 口的蜂鸣器发出 1 kHz 音频,设单片机晶振频率为 12 MHz。

TMOD 的方式字:因为使用的是定时器 T0,工作方式为方式 1,所以前 4 位都是 0;GATE 取 0,用软件触发;C/$\overline{\text{T}}$ 取 0,按照定时器工作,M1、M0 取 0、1,工作于方式 1。因此 TMOD=00000001B。

音频是 1 kHz,所以周期为 $T=0.001\,\text{s}=1000\,\mu\text{s}$,晶振频率为 12 MHz,所以机器周期为 $T_机=1\,\mu\text{s}$,又因为工作于方式 1,是 16 位计数,因此初值= $2^{16}-T/T_机$。TH0=(65536−1000)/256, TL0=(65536−1000)%256。

9.3.3　硬件原理图绘制

图 9-3 所示为蜂鸣器硬件原理图。

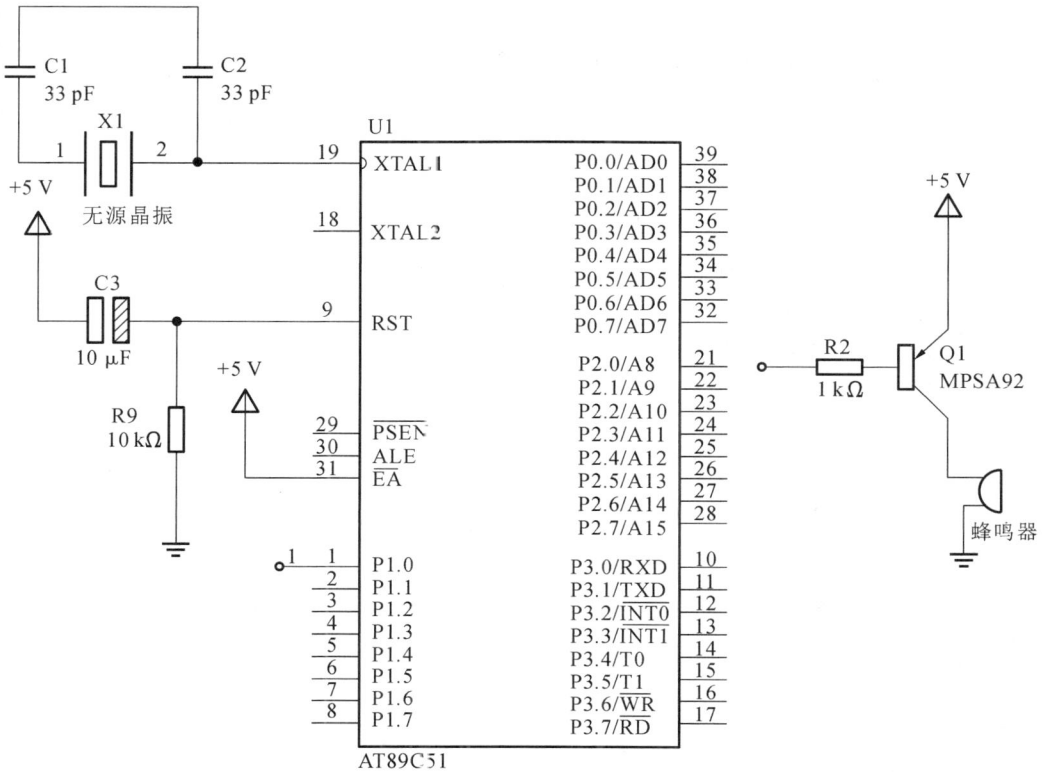

图 9-3 蜂鸣器硬件原理图

9.3.4 程序编译

```
#include<reg51.h>
sbit sound=P1^0;
vcid main(void){
    TMOD=0X01;
    TH0=(65536-1000)/256;
    TL0=(65536-1000)%256;
    TR0=1;
    while(1){
        while(TF0==0);
        TF0=0;
        sound=~sound;
        TH0=(65536-1000)/256;
        TL0=(65536-1000)%256;
    }
}
```

蜂鸣器仿真结果演示

9.4　实验四：用外部中断INT1控制P2口8个LED亮灭

9.4.1　实验要求

（1）了解外部中断INT0、INT1应用。
（2）掌握TCON寄存器的设置。
（3）掌握IE寄存器的设置。
（4）掌握INT0，INT1中断编程方法。

9.4.2　实验描述

在P3.3引脚(INT1)上接按键S，使用外中断INT1控制P2口8个LED的亮灭。当第一次按下按键S时，P2口8个LED亮，再次按下S按键，P2口8个LED熄灭，如此循环，就可看见LED的亮、灭两种状态。

9.4.3　硬件原理图绘制

图9-4所示为用外部中断INT1控制P2口8个LED灯亮灭的硬件原理图。

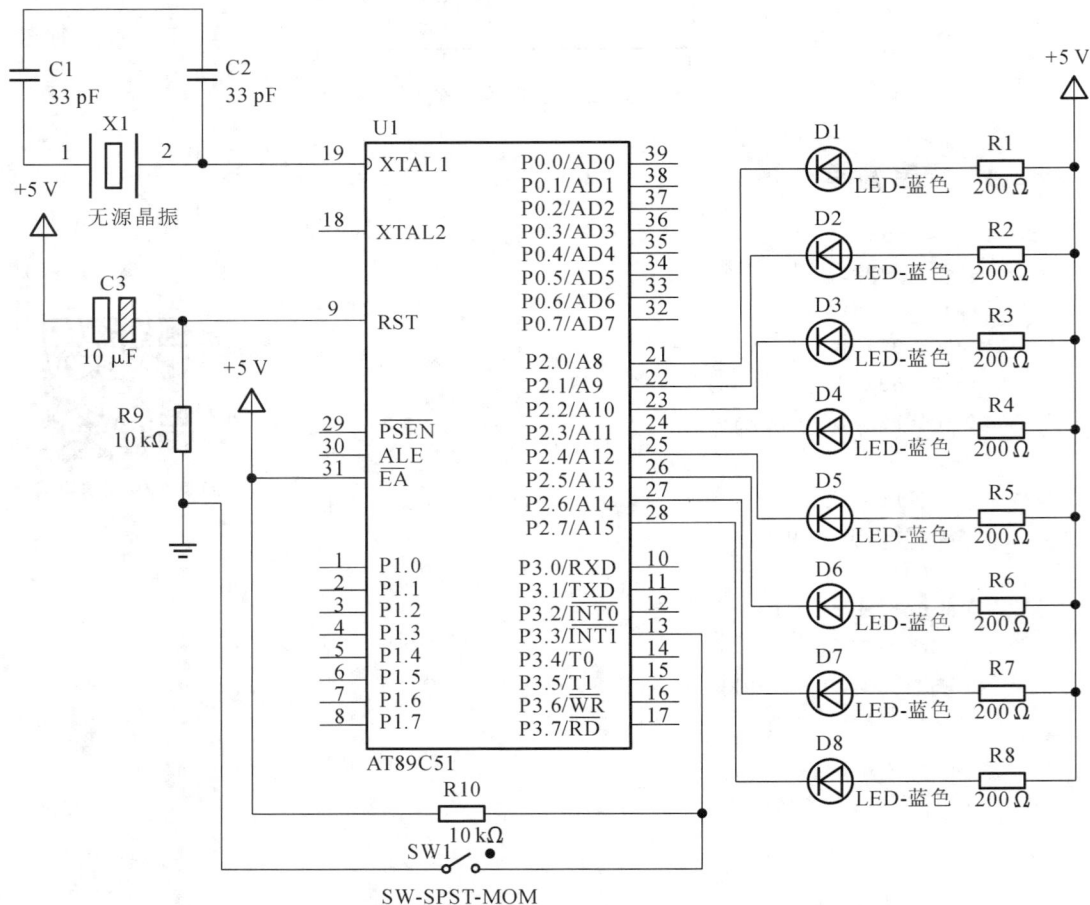

图 9-4　用外部中断INT1控制P2口8个LED亮灭的硬件原理图

9.4.4　程序编译

```
#include<reg51.h>
void main(void){
    EA=1;
    EX1=1;
    IT1=1;
    P2=0xff;
    while(1);
}
void int1(void)interrupt 2 using 0 {
    P2=~P2;
}
```

**8 个 LED 闪烁仿真
结果演示**

9.5　实验五：双机通信

9.5.1　实验要求

（1）掌握用 Proteus 软件仿真串行通信的方法。

（2）掌握 89C51 串行通信的编程方法。

9.5.2　实验描述

单片机 U1 的 P1 口接有 D1、D2 两个 LED，单片机 U2 的 P1 口接有一个 7 段数码管。单片机 U1 通过键位控制向单片机 U2 发送数据代码，单片机 U2 接收到代码后驱动数码管显示，数码管显示后再向单片机 U1 回送一数据，使 D1 点亮，证明两个单片机第一次通信成功，再返回键扫描，查询按键是否按下，如按键按下，则 U1 向 U2 发送点亮数码管的数据代码，然后 U2 向 U1 回送一数据点亮 D2。

9.5.3　硬件原理图绘制

图 9-5 所示为双机通信硬件原理图。

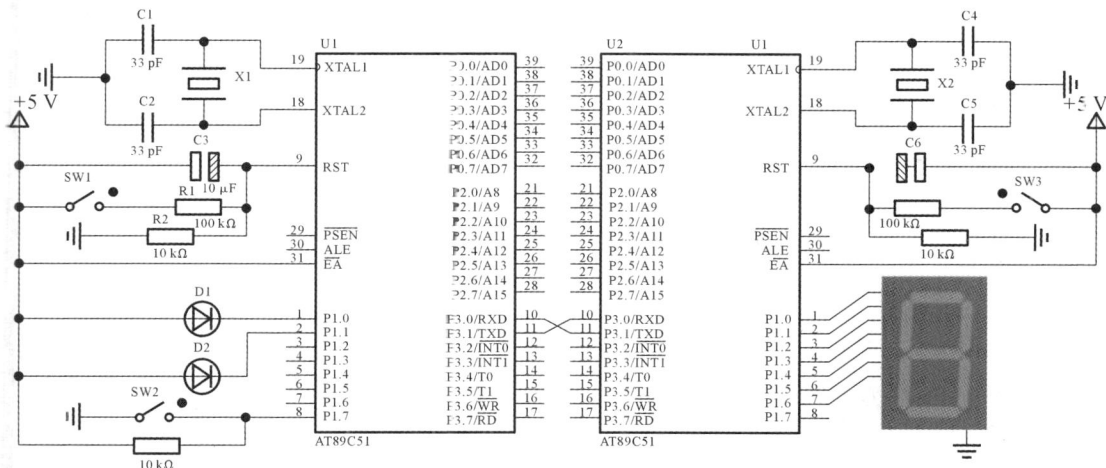

图 9-5　双机通信硬件原理图

9.5.4　程序编译

对 U1 编程：

```
#include<reg51.h>
const code tab[ ]={0x3f,0x06,0x5b,0x4f,0x66,0x6d,0x7d,0x07,0x7f,
                   0x6f,0x77,0x7c};  //数码管段码
sbit red=P1^1;
sbit green=P1^0;
sbit jian=P1^7;
void main( ){
    int i=0;
    SCON=0x50;    //0101 0000B,串行控制方式1,REN=1,允许接收
    PCON=0x00;    //0000 0000B,波特率为9600/s
    TMOD=0x20;    //定时器T1工作于方式2
    TH1=0xfa;
    TL1=0xfa;
    TR1=1;    //启动定时器T1
    while(1){//无限循环
        while(jian==1);   //按键是否按下
        red=0;green=1;    //红灯亮,绿灯灭
        while(jian==0);   //按键是否按下
        SBUF=tab[i++];    //串口缓冲寄存器赋值
        while(T1==0);     //判断是否发送完数据代码
        TI=0;             //发送完成,赋值为0
        red=1;            //红灯灭
        while(RI==0);     //判断是否收到反馈信息
        RI=0;             //接受完成,赋值为0
        green=SBUF;       //收到的代码赋给绿灯
        if(i>5)i=0;       //i大于5则i=0
    }
}
```

对 U2 编程：

```
#include<reg51.h>
voidmain( ){
    P1=0x00;      //P1初始化
    TMOD=0x20;    //定时器T1工作于方式2
    SCON=0x50;    //01010000B,串行控制方式1,REN=1,允许接受
    PCON=0x00;    //00000000B,波特率为9600/s
    TH1=0xfa;
    TL1=0xfa;
    TR1=1;    //启动定时器T1
    while(1){//无限循环
        while(RI==0);     //是否收到数据
```

双机通信仿真
结果演示

```
        RI=0;                   //接收完成,赋值为 0
        P1=SBUF;
        SBUF=0;
        while(TI==0);
        TI=0;
    }
}
```

9.6　实验六:单片机向PC发送数据

9.6.1　实验要求

（1）掌握用Proteus软件仿真串行通信的方法。
（2）掌握单片机向PC发送数据的编程方法。

9.6.2　实验描述

在单片机应用项目中,常常要求单片机向PC发送数据。本实验的任务就是用单片机U1通过串行口 TXD(P3.1引脚)向PC发送数据。由于单片机的电压是0～5 V,而PC上RS-232C的电压是—12～12 V,因此需要接MAX232芯片进行转换。

9.6.3　硬件原理图绘制

图9-6所示为单片机向PC发送数据的硬件原理图。

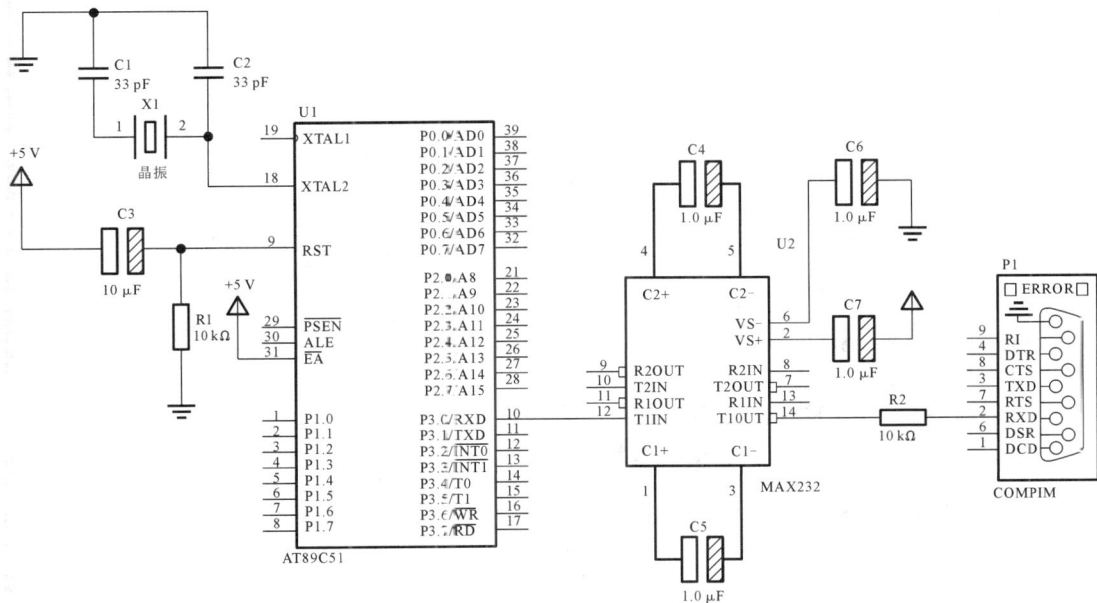

图9-6　单片机向PC发送数据的硬件原理图

9.6.4　程序编译

```c
#include<reg51.h>
unsigned char code Tab[]={0xEE,0xFD,0xFB,0xF7,0xEF,0xDF,
0xBF,0x7F};
void send(unsigned char dat){
    SBUF=dat;
    while(TI==0);
    TI=0;
}
void delay(void){
    unsigned int m;
    for(m=0;m<50000;m++);
}
void main(void){
    unsigned char i;
    TMOD=0x20;
    SCON=0x40;
    PCON=0x00;
    TH1=0xfa;
    TL1=0xfa;
    TR1=1;
    while(1){
        for(i=0;i<8;i++){
            send(Tab[i]);
            delay();
        }
    }
}
```

单片机向 PC 发送
数据仿真结果演示

9.7　实验七:PC向单片机向发送数据

9.7.1　实验要求

(1)掌握用Proteus软件仿真串行通信的方法。

(2)掌握PC向单片机发送数据的编程方法。

9.7.2　实验描述

在单片机应用项目中,常常要求PC向单片机发送数据。本实验的任务就是PC向单片机U1通过串行口RXD(P3.0引脚)发送数据。由于单片机的电压是0~5 V,而PC上RS-232C的电压是−12~12V,因此需要接MAX232芯片进行转换。

9.7.3　硬件原理图绘制

图 9-7 所示为 PC 向单片机发送数据的硬件原理图。

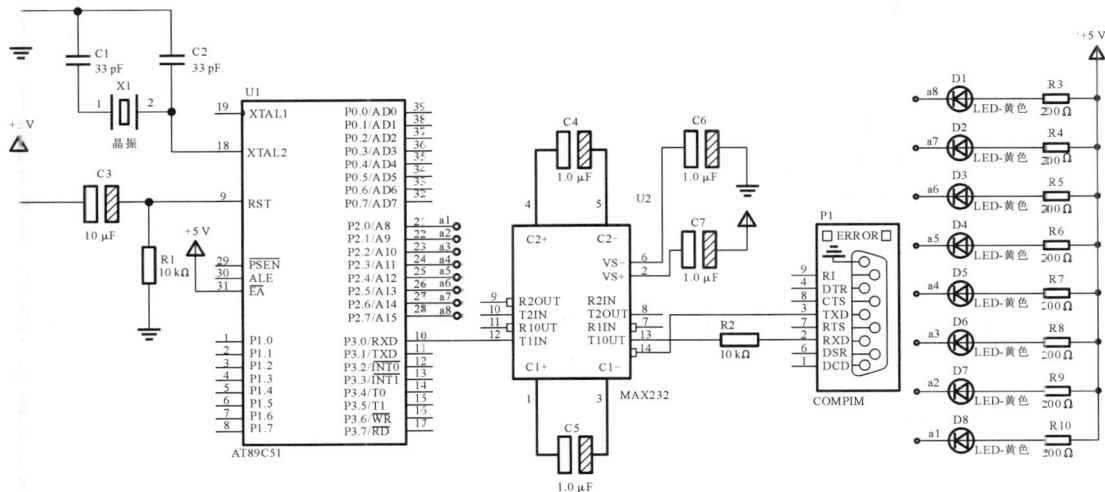

图 9-7　PC 向单片机发送数据的硬件原理图

9.7.4　程序编译

```c
#include<reg51.h>
unsigned char receive(void){
    unsigned char dat;
    while(RI==0);
    RI=0;
    dat=SBUF;
    return dat;
}
void main(void){
    TMOD=0x20;
    SCON=0x50;
    PCON=0x00;
    TH1=0xfa;
    TL1=0xfa;
    TR1=1;
    REN=1;
    while(1){
        P2=receive();
    }
}
```

PC 向单片机发送
数据仿真结果演示

9.8　实验八：独立式按键 S 控制 LED0 的亮灭状态

9.8.1　实验要求

（1）了解键盘的概念。

（2）了解独立式键盘工作原理。

（3）掌握用 Proteus 软件仿真独立式键盘的方法。

（4）掌握独立式键盘的编程方法

9.8.2　实验描述

按键 S 接到 P1.7，LED0 接 P2.0，按下按键 S 则 LED0 点亮，再次按下按键 S 则 LED0 熄灭，如此循环。

9.8.3　硬件原理图绘制

图 9-8 所示为独立式按键 S 控制 LED0 的亮灭状态的硬件原理图。

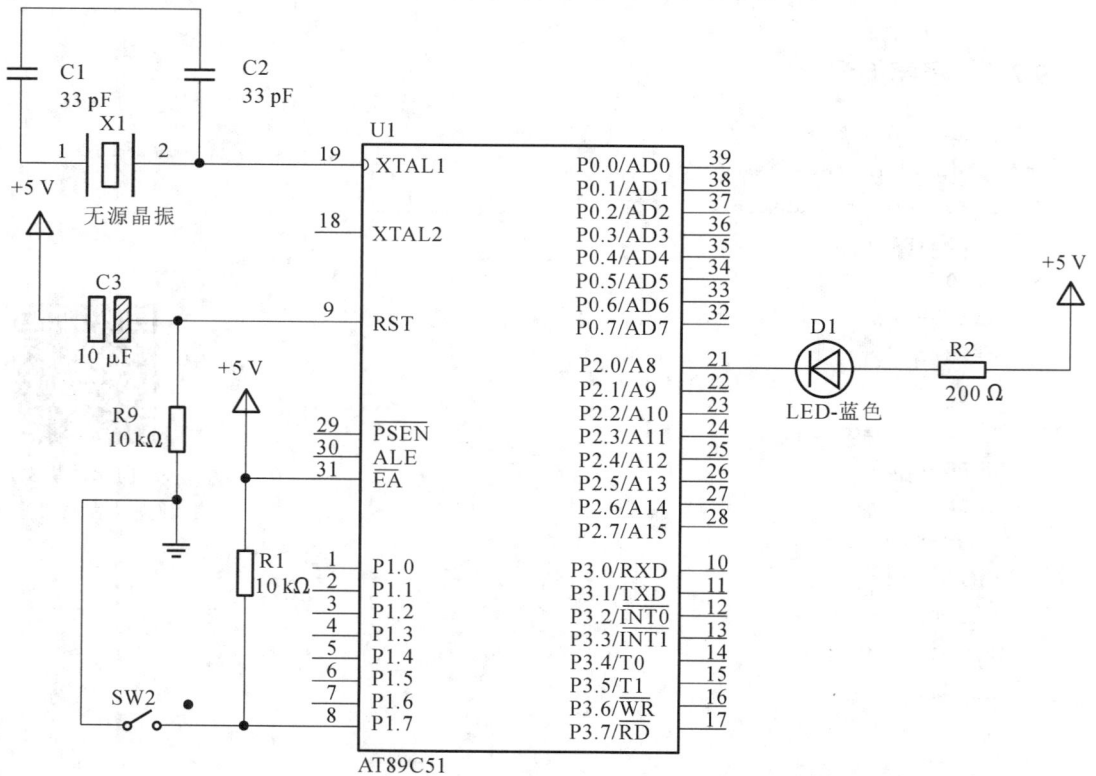

图 9-8　独立式按键 S 控制 LED0 的亮灭状态的硬件原理图

9.8.4　程序编译

```
#include <reg51.h>
sbit S=P1^7;//S接在P1.7口
sbit LED0=P2^0;//LED0接在P2.C
void delay(void){//延时30 ms,用于防抖动
    unsigned char i,j;
    for(i=0;i<100;i++);
    for(j=0;j<100;j++);
}
void main(void){//主函数起始
    LED0=0;
    while(1){
        if(S==0){//查询S键是否按下
            delay( );   //调用延时,判断是否抖动
            if(S==0) //确定按键按下
            LED0=!LED0;//输出取反
        }
    }
}
```

按键控制 **LED**
循环亮灭仿真
结果演示

9.9　实验九:用LED数码管循环显示数字0~9

9.9.1　实验要求

(1)了解 LED 数码管的工作原理。

(2)掌握用 Proteus 软件仿真 LED 数码管的方法。

(3)掌握 LED 数码管循环显示数字 0~9 的编程方法。

9.9.2　实验描述

本实验的任务是用 LED 数码管循环显示数字 0~9。

9.9.3　硬件原理图绘制

图 9-9 所示为用 LED 数码管循环显示数字 0~9 的硬件原理图。

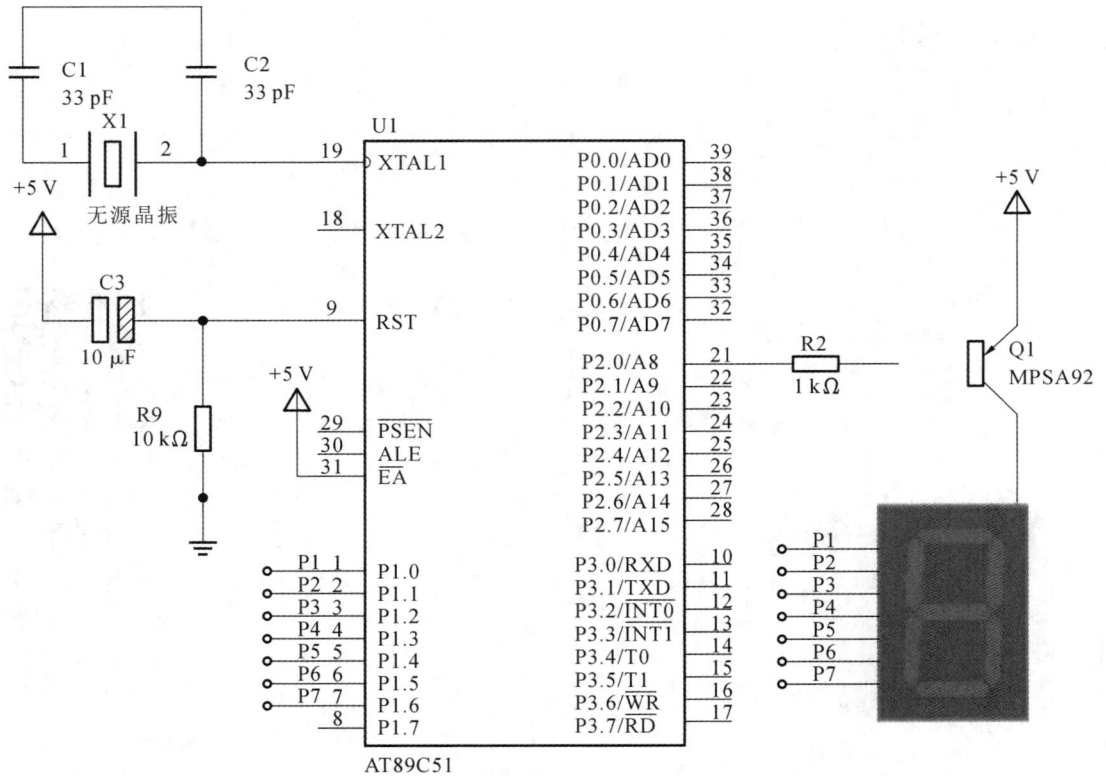

图 9-9　用 LED 数码管循环显示数字 0~9 的硬件原理图

9.9.4　程序编译

```
#include<reg51.h>
void delay(void){//延时200 ms
    unsigned char i,j;
    for(i=0;i<255;i++);
    for(j=0;j<255;j++);
}
void main(void){
    unsigned char i;
    unsigned char code
    Tab[10]={0xc0,0xf9,0xa4,0xb0,0x99,0x92,0x82,
             0xf8,0x80,0x90};
    P2=0xfe;//P2.0引脚输出低电平,数码管接通电源
    while(1){//一直循环
        for(i=0;i<10;i++){
            P1=Tab[i];//P1口输出数字i的段码
            delay();//调延时子程序
        }
    }
}
```

用 LED 数码管循环
显示数字 0~9 仿真
结果演示

9.10 实验十:用LCD循环右移显示"China Dream"

9.10.1 实验要求

(1) 了解液晶显示器(LCD)的工作原理。
(2) 掌握用Proteus软件仿真LCD的方法。
(3) 掌握用LCD循环右移显示"China Dream"的编程方法。

9.10.2 实验描述

在单片机工程应用项目中,要显示汉字和字符,常常需要用到LCD。本实验的任务就是用LCD循环右移显示"China Dream"。显示模式设置如下:
(1) 16×2显示,5×7点阵,8位数据接口。
(2) 开显示,有光标,且光标闪烁。
(3) 光标右移,字符不移。

9.10.3 硬件原理图绘制

图9-10所示为用LCD循环右移显示"China Dream"的硬件原理图。

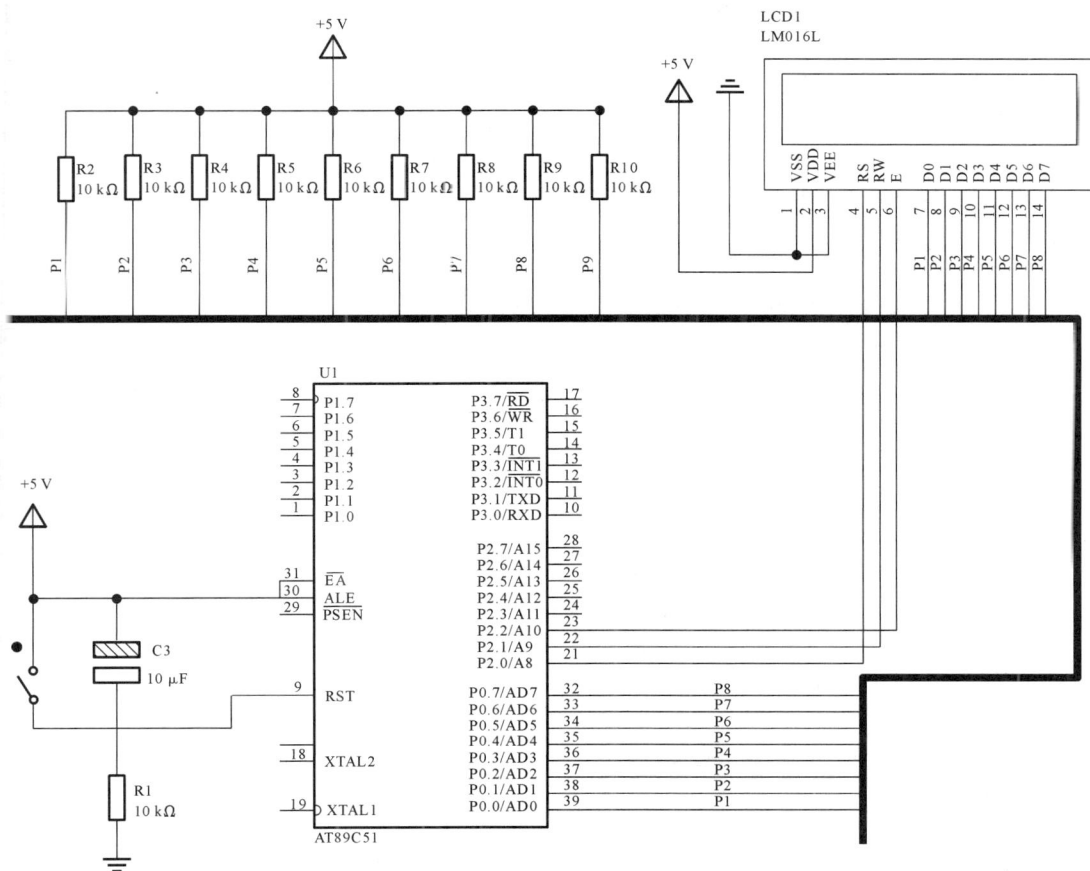

图9-10 用LCD循环右移显示"China Dream"的硬件原理图

9.10.4　程序编译

```c
#include<reg51.h>
#include<intrins.h>
sbit RS=P2^6;
sbit RW=P2^5;
sbit E=P2^7;
sbit BF=P0^7;
unsigned char code string[]={"China Dream"};
void delay 1 ms( ){
    unsigned char i,j;
    for(i=0;i<10;i++);
    for(j=0;j<33;j++);
}
void delay(unsigned char n){
    unsigned char i;
    for(i=0;i<n;i++);
    delay 1 ms( );
}
unsigned char BusyTest(void){
    bit M;
    RS=0;    //根据规定,RS为低电平、R/W为高电平时,为读状态
    RW=1;
    E=1;//E=1,才允许读写
    _nop_();   //空操作
    _nop_();
    _nop_();
    _nop_();   //空操作4个机器周期
    M=BF;//将忙碌标志电平赋给result
    E=0;
    return M;
}
void WriteInstruction(unsigned char dictate){
    while(BusyTest()==1);//如果忙碌,就等待
    RS=0;    // 根据规定,RS和R/W同为低电平时,可以写入指令
    RW=0;
    E=0;   //E设置低电平
    _nop_();
    _nop_();
    P0=dictate;   //将数据送入P0口
    _nop_();
    _nop_();
    _nop_();
```

```
    _nop_();
    E=1;//E设置高电平
    _nop_();
    _nop_();
    _nop_();
    _nop_();
    E=0; //E由高电平变为低电平时,液晶模块开始执行指令
}
void WriteAddress(unsigned char x){
    WriteInstruction(x|0x80);
}
void WriteData(unsigned char y){
    while(BusyTest()==1);
    RS=1;   // RS为高电平、R/W为低电平时,可以写入数据
    RW=0;
    E=0;   //E设置低电平
    P0=y;
    _nop_();
    _nop_();
    _nop_();
    _nop_();
    E=1; //E设置高电平
    _nop_();
    _nop_();
    _nop_();
    _nop_();
    E=0;   //E由高电平变为低电平时,液晶模块开始执行指令
}
void LcdInitiate(void){
    delay(15);
    WriteInstruction(0x38);
    delay(5);
    WriteInstruction(0x38);
    delay(5);
    WriteInstruction(0x38);
    delay(5);
    WriteInstruction(0x0f);
    delay(5);
    writeInstruction(0x06);
    delay(5);
    WriteInstruction(0x01);
    delay(5);
}
void main(void){
```

```
unsigned char i;
LcdInitiate( );//调用LCD初始化函数
delay(10);
while(1){
    WriteInstruction(0x01);
    WriteAddress(0x00);
    i=0;
    while(string[i]!='\0'){
        WriteData(string[i]);
        i++;
        delay(150);
    }
    for(i=0;i<4;i++);
    delay(250);
}
}
```

用 LCD 循环右移显示
"China Dream"仿真
结果演示

附录 A　流水灯实验

A1　实验要求

(1) 掌握"左移"运算及编程。

(2) 掌握二进制移位。

(3) 掌握循环次数设置及编程。

(4) 掌握无限循环、延时编程。

A2　实验描述

用 P2 口控制 8 只 LED 左循环点亮,实现流水灯效果。把数"0xff"进行"<<"左移 8 位运算,实现 8 只 LED 左循环点亮。

A3　硬件原理图绘制

图 A1 为流水灯硬件原理图。

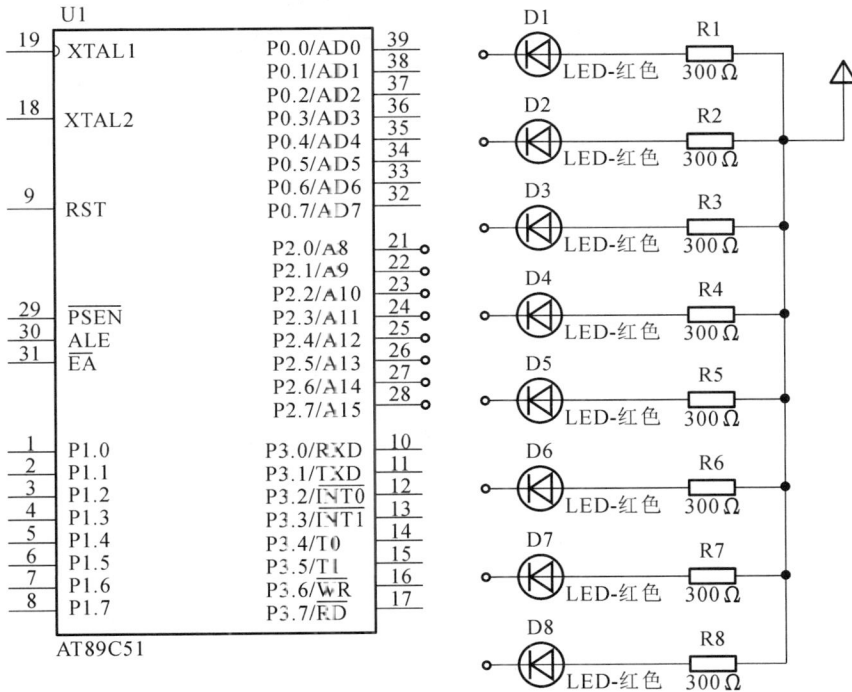

图 A1　流水灯硬件原理图

A4　程序编译

流水灯实验程序如下。

```
#include<reg51.h>
void delay(void){
    unsigned char i,j;
    for(i=0;j<200;i++);
    for(j=0;j<250;j++);
}
void main(void){
```

```
unsigned char i;
while(1){
    P2=0xff;
    delay( );
    for(i=0;i<8;i++){
        P2=p2<<1;
        delay( );
    }
}
}
```

流水灯仿真操作过程　　流水灯仿真结果演示

附录B　定时器实验

B1　实验要求

(1) 掌握定时/计数器方式寄存器TMOD的设置。

(2) 掌握定时器T0工作于方式1的编程方法。

(3) 掌握定时/计数器T0、T1的应用。

B2　实验描述

使用定时器T0,工作于方式1,用定时中断方法,实现每秒输出状态发生一次反转,即实现LED每隔一秒便亮一次。

B3　硬件原理图绘制

图B1是定时器实验硬件原理图。

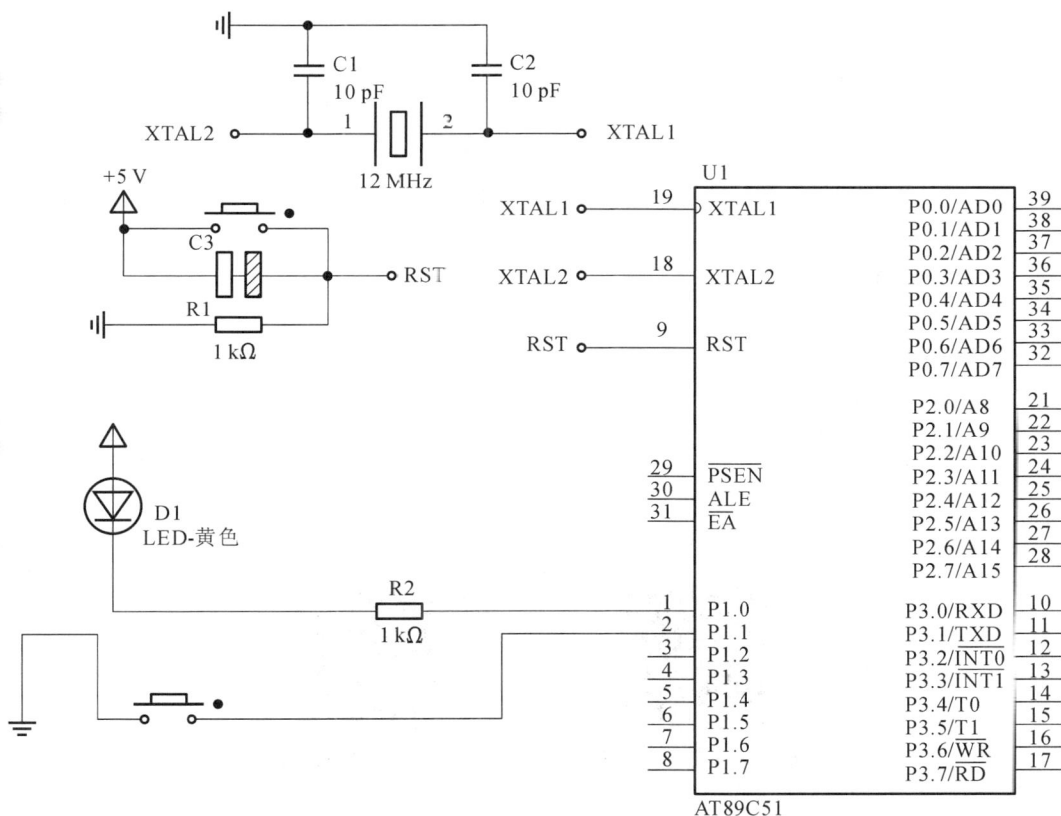

图B1　定时器实验硬件原理图

B4　程序编译

定时器实验程序如下。

```
#include<reg51.h>
int tt;
sbit P10=P1^0;
sbit P11=P1^1;
sbit P12=P1^2;
```

```
sbit P13=P1^3;
void initTimer0(void){
    TMOD=0x01;
    TH0=0x3C;
    TL0=0x0B;
    EA=1;
    ET0=1;
}
void main(void){
    initTimer0();
    if(P1^1==0)
    TR0=1;
    P13=0;
    while(1){
        if(P1^1==0)
        TR0=1;
    }
}
void Timer0Interrupt(void)interrupt 1 {
    TH0=0x3C;
    TL0=0x0B0;
    tt++;
    P12=0;
    if(tt==5){
        P10=~P10;
        tt=0;
    }
}
```

定时器仿真操作过程　　　　　定时器仿真结果演示

附录C 串口仿真实验

C1 实验要求
（1）掌握串口通信的原理与机制。
（2）掌握基于89C51的串口通信硬件电路的设计方法。
（3）掌握串口通信程序的编写以及调试方法。

C2 实验描述
实验采用Proteus软件仿真单片机及其外围器件，通过使用串口调试助手发送数据和接收显示串口调试助手发来的数据这两个远程来模拟串口通信。

C3 硬件原理图绘制
图C1为串口仿真实验的硬件原理图。

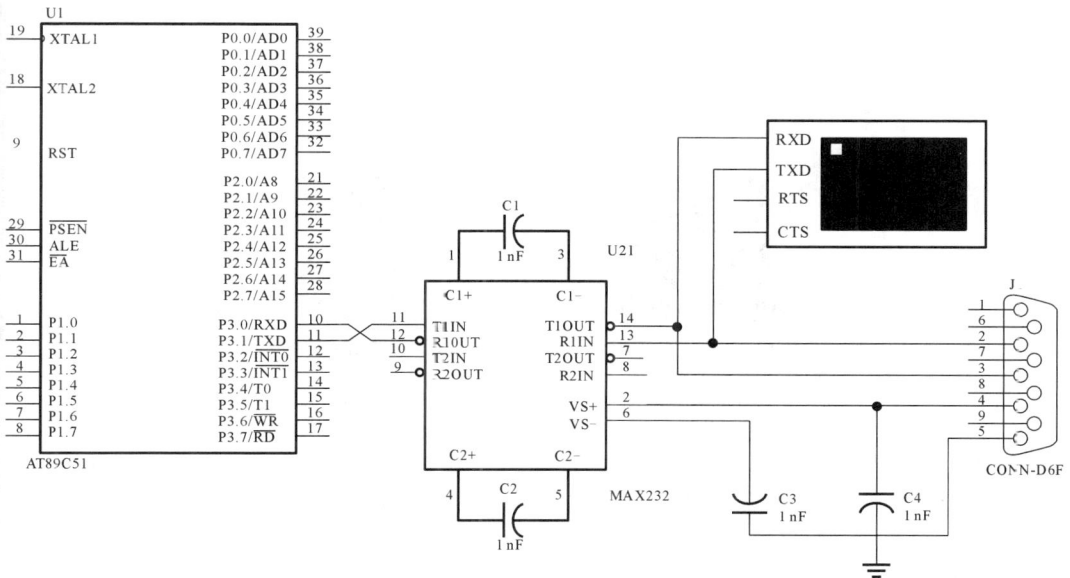

图C1 串口仿真实验的硬件原理图

C4 程序编译
串口仿真实验程序如下。

```
#include<reg51.h>
void initUART(void){
    TMOD=0x20;
    SCON=0x50;
    TH1=0xFA;
    PCON=0x00;
    EA=1;
    ES=1;
    TR1=1;
}
void SendOneByte(int c){
```

```
        SBUF=c;
        while(!TI);
        TI=0;
}
void main(void){
        initUART();
        while(1)
        SendOneByte(30);
}
void UARTInterrupt(void)interrupt 4 {
        if(RI){
            RI=0;
            //add your code here!
        }
        else
        TI=0;
}
```

串口仿真操作过程　　　　　串口仿真结果演示

附录D LCD显示实验

D1 实验要求

（1）了解LCD的工作原理。

（2）掌握用Proteus软件仿真LCD显示状态的方法。

（3）掌握用LCD显示字符"ABCD"的编程方法。

D2 实验描述

在单片机应用项目中，常常需要用到LCD。本实验要求在LCD1602液晶显示器的第一行显示大写英文字母"ABCD"，显示模式如下：

（1）16×2显示，5×7点阵，8位数据接口；

（2）开显示，有光标，且光标闪烁；

（3）光标右移，字符不移。

D3 硬件原理图绘制

图D1是LCD显示实验的硬件原理图。

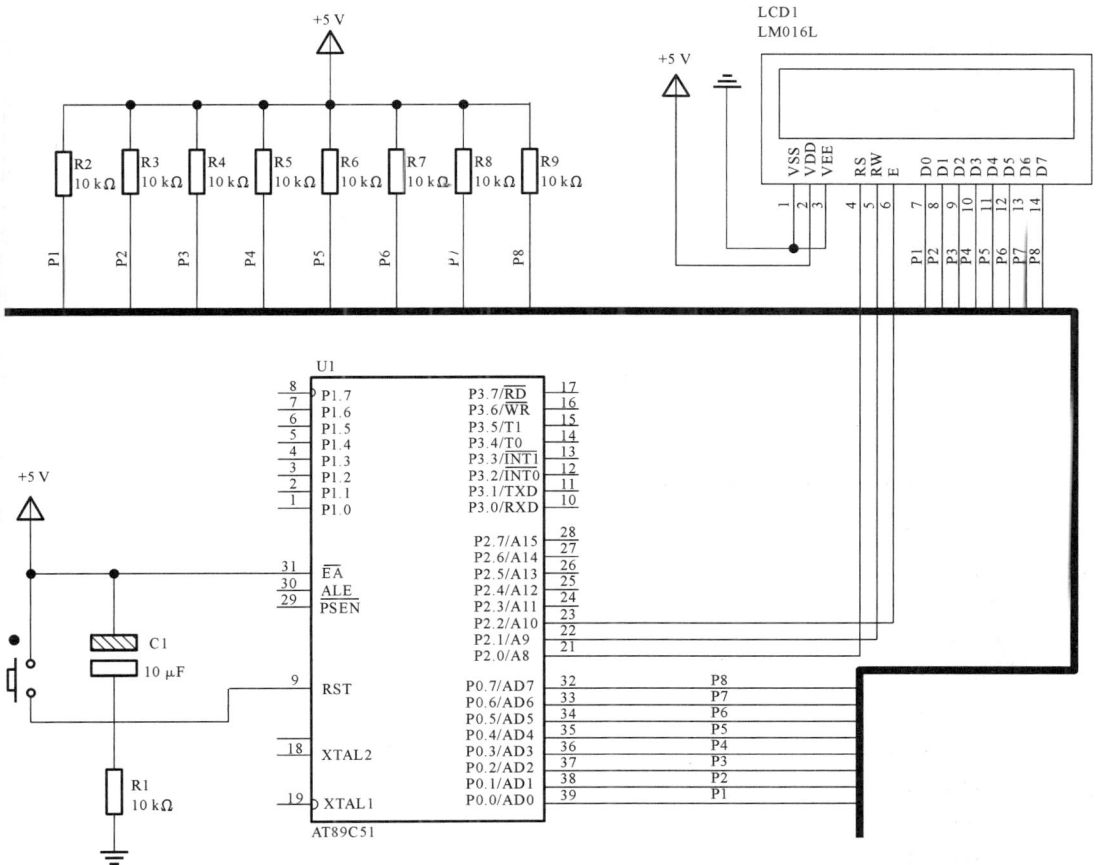

图D1 LCD显示实验的硬件原理图

D4 程序编译

LCD显示实验程序如下。

```c
#include<reg51.h>
#include<intrins.h>
sbit RS=P2^0;
sbit RW=P2^1;
sbit E=P2^2;
sbit BF=P0^7;
void delay 1 ms( ){
    unsigned char i,j;
    for(i=0;i<10;i++);
    for(j=0;j<33;j++);
}
void delay(unsigned char n){
    unsigned char i;
    for(i=0;i<n;i++);
    delay 1 ms( );
}
unsigned char BusyTest(void){
    bit M;
    RS=0;
    RW=1;
    E=1;
    _nop_();
    _nop_();
    _nop_();
    _nop_();
    M=BF;
    E=0;
    return M;
}
void WriteInstruction(unsigned char dictate){
    while(BusyTest()==1);
    RS=0;
    RW=0;
    E=0;
    _nop_();
    _nop_();
    P0=dictate;
    _nop_();
    _nop_();
    _nop_();
    _nop_();
    E=1;
    _nop_();
    _nop_();
```

```c
        _nop_();
        _nop_();
        E=0;
}
void WriteAddress(unsigned char x){
        WriteInstruction(x|0x80);
}
void WriteData(unsigned char y){
        while(BusyTest()==1);
        RS=1;
        RW=0;
        E=0;
        P0=y;
        _nop_();
        _nop_();
        _nop_();
        _nop_();
        E=1;
        _nop_();
        _nop_();
        _nop_();
        _nop_();
        E=0;
}
void LcdInitiate(void){
        delay(15);
        WriteInstruction(0x38);
        delay(5);
        WriteInstruction(0x38);
        delay(5);
        WriteInstruction(0x38);
        delay(5);
        WriteInstruction(0x0f);
        delay(5);
        WriteInstruction(0x06);
        delay(5);
        WriteInstruction(0x01);
        delay(5);
}
void main(void){
        int i;
        unsigned char code string[]={"ABCD"};
        LcdInitiate( );
        WriteAddress(0x07);
```

```
for(i=0;i<4;i++)
    WriteData(string[i]);

}
```

LCD 显示仿真操作过程

LCD 显示仿真结果演示

附录E 键 盘 实 验

E1 实验要求

（1）了解矩阵式键盘的工作原理。

（2）掌握用Proteus软件仿真矩阵式键盘的方法。

（3）掌握矩阵式键盘的编程方法。

E2 实验描述

使用数码管显示矩阵式键盘的按键值。用定时器T0中断控制进行键盘扫描,扫描到有键被按下时,再将其值传递给主程序,用快速动态扫描方法显示。

E3 原理图绘制

图E1所示为键盘实验硬件原理图。

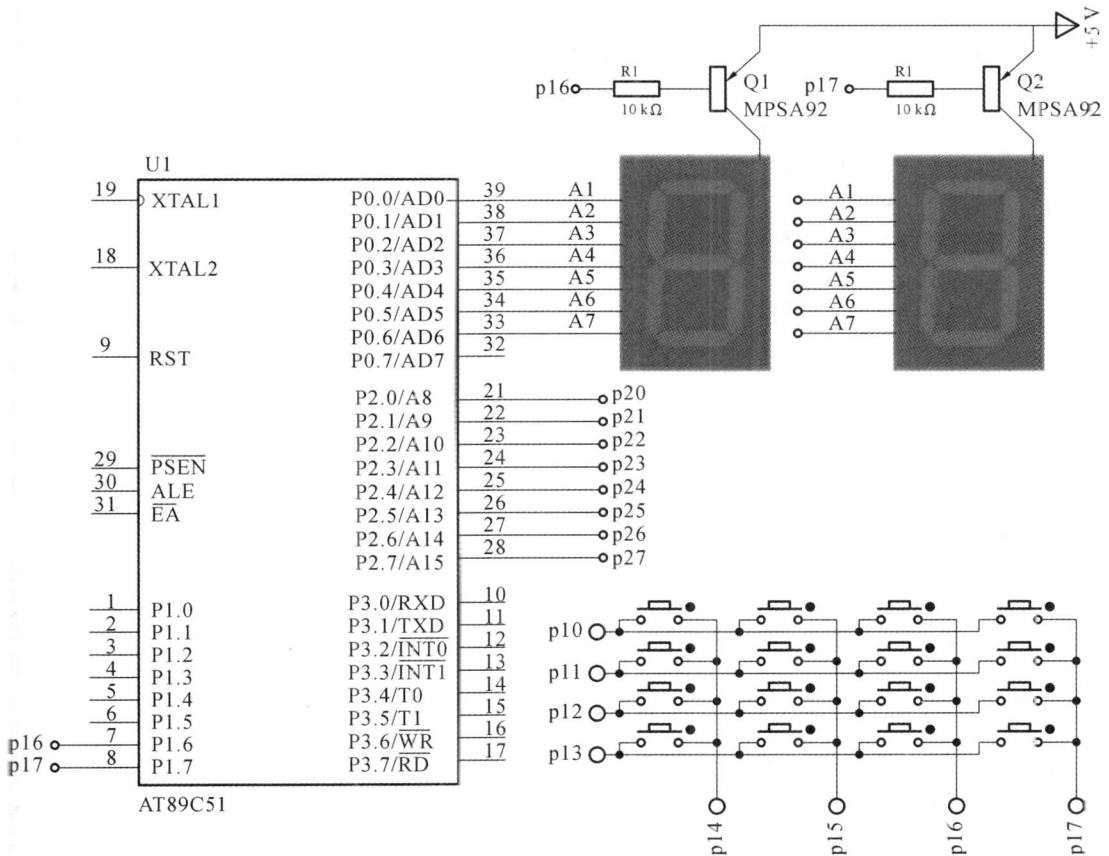

图E1 键盘实验硬件原理图

E4 程序编译

键盘实验程序如下。

```
#include<reg51.h>
sbit P24=P2^4;
sbit P25=P2^5;
sbit P26=P2^6;
```

```
sbit P27=P2^7;
unsigned char code Tab[ ]={0xc0,0xf9,0xa4,0xb0,0x99,0x92,0x82,0xf8,0x80,
                          0x90};
unsigned char keyval;
void led_delay(void){
    unsigned int j;
    for(j=0;j<200;j++);
}
void display(unsigned char k){
    P1=0xbf;
    P0=Tab[k/10];
    led_delay();
    P1=0x7f;
    P0=Tab[k%10];
    led_delay();
}
void delay30ms(void){
    unsigned char i,j;
    for(i=0;i<100;i++);
    for(j=0;j<100;j++);
}
void main(void){
    EA=1;
    ET0=1;
    TMOD=0x01;
    TH0=(65536-500)/256;
    TL0=(65536-500)%256;
    TR0=1;
    keyval=0x00;
    while(1){
        display(keyval);
    }
}
void time0_interserve(void)interrupt 1 using 1 {
    TR0=0;
    P2=0xf0;
    if((P2&0xf0)!=0xf0)
        delay 30 ms( );
    if((P2&0xf0)!=0xf0){
        P2=0xfe;
        if(P24==0)
            keyval=1;
        if(P25==0)
            keyval=2;
```

```
        if(P26==0)
            keyval=3;
        if(P27==0)
            keyval=4;
        P2=0xfd;
        if(P24==0)
            keyval=5;
        if(P25==0)
            keyval=6;
        if(P26==0)
            keyval=7;
        if(P27==0)
            keyval=8;
        P2=0xfb;
        if(P24==0)
            keyval=9;
        if(P25==0)
            keyval=10;
        if(P26==0)
            keyval=11;
        if(P27==0)
            keyval=12;
        P2=0xf7;
        if(P24==0)
            keyval=13;
        if(P25==0)
            keyval=14;
        if(P26==0)
            keyval=15;
        if(P27==0)
            keyval=16;
    }
    TR0=1;
    TH0=(65536-500)/256;
    TL0=(65536-500)&256;
}
```

键盘仿真操作过程　　　　　键盘仿真结果演示

附录 F　BCD码拨盘实验

F1　实验要求

（1）了解BCD码拨盘的工作原理。

（2）掌握用Proteus软件仿真BCD码拨盘的方法。

（3）掌握BCD码拨盘的编程方法。

F2　实验描述

本实验要求采用调节拨盘前面的加减号的方法来实现数字的加1以及减1的变化,扫描到有键按下时,转到相应的子程序,在LCD屏幕上显示加1或减1后的数字。

F3　硬件原理图绘制

图F1是BCD码拨盘实验的硬件原理图。

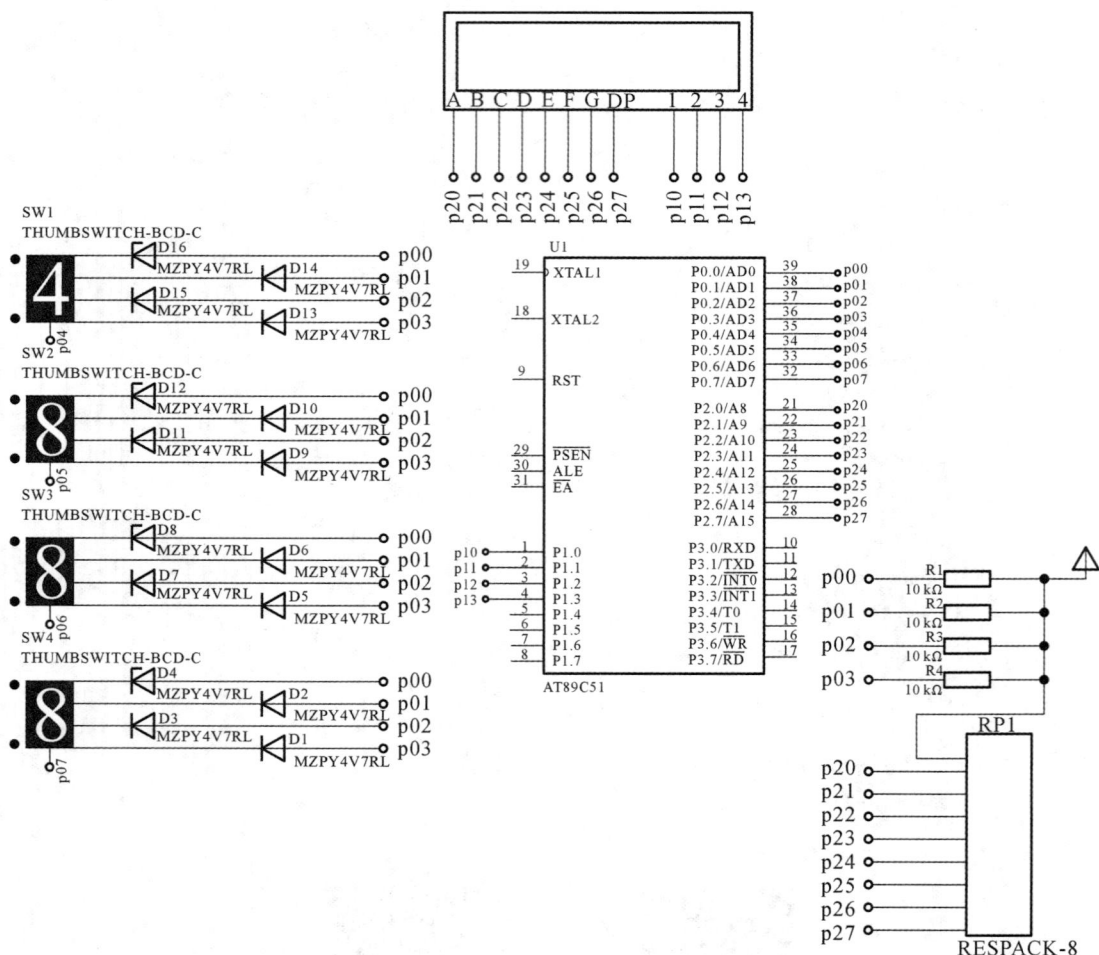

图F1　BCD码拨盘实验的硬件原理图

F4　程序编译

BCD码拨盘实验程序如下。

```
#include<reg51.h>
```

```c
unsigned char code Tab[]={0x3f,0x06,0x5B,0x4F,0x66,0x6D,0x7D,
                          0x07,0x7F,0x6F};
shu[4]={0,0,0,0};
void delay(void){
    unsigned char a,b;
    for(b=22;b>0;b--);
    for(a=207;a>0;a--);
}
main( ){
    while(1){
        P0=0xef;
        shu[0]=(~P0)&0x0f;
        P1=0xfe;
        P2=Tab[shu[0]];
        delay( );
        P1=0xFF;
        P0=0xdf;
        shu[1]=(~P0)&0x0f;
        P1=0xfd;
        P2=Tab[shu[1]];
        delay( );
        P1=0xff;
        P0=0xbf;
        shu[1]=(~P0)&0x0f;
        P1=0xfb;
        P2=Tab[shu[1]];
        delay( );
        P1=0xff;
        P0=0x7f;
        shu[1]=(~P0)&0x0f;
        P1=0xf7;
        P2=Tab[shu[1]];
        delay( );
        P1=0xff;
    }
}
```

BCD 码拨盘仿真操作过程　　　　　　　BCD 码拨盘仿真结果演示

附录G A/D 转换实验

G1 实验要求

(1) 了解 ADC0832 模数转换的工作原理。

(2) 掌握用 Proteus 软件仿真 ADC0832 方法。

(3) 掌握 5 V 直流数字电压表的编程方法。

G2 实验描述

在单片机工程应用项目中,常常需要用到 A/D 转换器,本实验要求用 ADC0832 设计一个 5 V 直流数字电压表,将输入的直流电压转换成数字信号后,在 LCD1602 屏幕上显示出来,显示模式设置如下:

(1) 16×2 显示,5×7 点阵,8 位数据接口;

(2) 开显示,有光标,且光标闪烁;

(3) 光标右移,字符不移。

G3 硬件原理图绘制

图 G1 为 A/D 转换实验的硬件原理图。

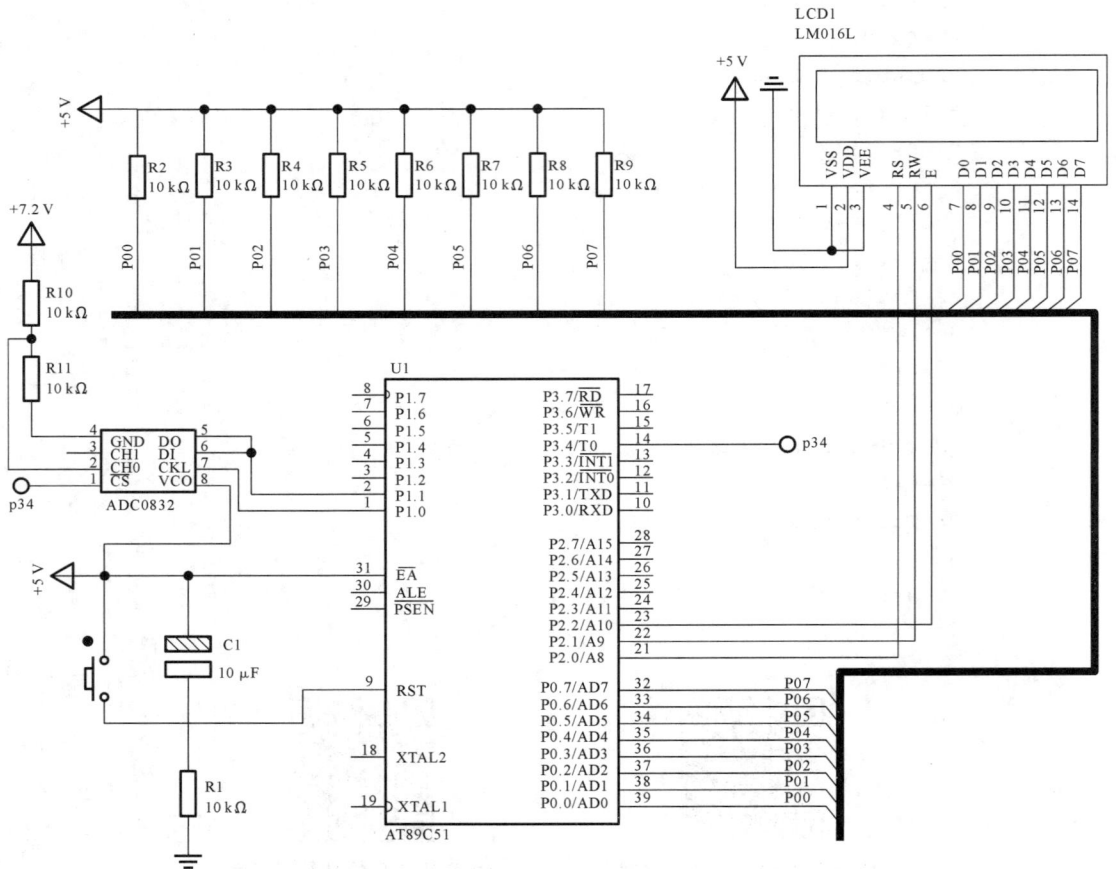

图 G1 A/D 转换实验的硬件原理图

G4　程序编译

A/D 转换实验程序如下。

```c
#include<reg51.h>
#include<intrins.h>
sbit CS=P3^4;
sbit CLK=P1^0;
sbit DI0=P1^1;
unsigned char code digit[10]={"0123456789"};
unsigned char code Str[]={"Volt="};
sbit RS=P2^0;
sbit RW=P2^1;
sbit E=P2^2;
sbit BF=P0^7;
void delay 1 ms( ){
    unsigned char i,j;
    for(i=0;i<10;i++);
    for(j=0;j<33;j++);
}
void delay n ms(unsigned char n){
    unsigned char i;
    for(i=0;i<n;i++);
    delay 1 ms( );
}
bit BusyTest(void){
    bit result;
    RS=0;
    RW=1;
    E=1;
    _nop_();
    _nop_();
    _nop_();
    _nop_();
    result=BF;
    E=0;
    return result;
}
void WriteInstruction(unsigned char dictate){
    while(BusyTest()==1);
    RS=0;
    RW=0;
    E=0;
    _nop_();
    _nop_();
```

```
        P0=dictate;
        _nop_();
        _nop_();
        _nop_();
        _nop_();
        E=1;
        _nop_();
        _nop_();
        _nop_();
        _nop_();
        E=0;
    }
void WriteAddress(unsigned char x){
        WriteInstruction(x|0x80);
    }
void WriteData(unsigned char y){
        while(BusyTest()==1);
        RS=1;
        RW=0;
        E=0;
        P0=y;
        _nop_();
        _nop_();
        _nop_();
        _nop_();
        E=1;
        _nop_();
        _nop_();
        _nop_();
        _nop_();
        E=0;
    }
void LcdInitiate(void){
        delay n ms(15);
        WriteInstruction(0x38);
        delay n ms(5);
        WriteInstruction(0x38);
        delay n ms(5);
        WriteInstruction(0x38);
        delay n ms(5);
        WriteInstruction(0x0c);
        delay n ms(5);
        WriteInstruction(0x06);
        delay n ms(5);
```

```
    WriteInstruction(0x01);
    delay n ms(5);
}
void display_volt(void){
    unsigned char i;
    WriteAddress(0x03);
    i=0;
    while(Str[i]!='\0'){
        WriteData(Str[i]);
        i++;
    }
}
void display_dot(void){
    WriteAddress(0x09);
    WriteData('.');
}
vcid display_V(void){
    WriteAddress(0x0c);
    WriteData('V');
}
void diaplay1(unsigned char x){
    WriteAddress(0x08);
    WriteData(digit[x]);
}
void display2(unsigned char x){
    unsigned char i,j;
    i=x/10;
    j=x%10;
    WriteAddress(0x0a);
    WriteData(digit[i]);
    WriteData(digit[j]);
}
unsigned char A_D( ){
    unsigned char i,dat;
    CS=1;
    CLK=0;
    CS=0;
    DI0=1;
    CLK=1;
    CLK=0;
    DI0=1;
    CLK=1;
    CLK=0;
    DI0=0;
```

```
    CLK=1;
    CLK=0;
    DI0=1;
    CLK=1;
    for(i=0;i<8;i++){
        CLK=1;
        CLK=0;
        dat<<=1;
        dat|=(unsigned char)DI0;
    }
    CS=1;
    return dat;
}
main(void){
    unsigned int AD_val;
    unsigned char Int,Dec;
    LcdInitiate( );
    delay n ms(5);
    display_volt( );
    display_dot( );
    display_V( );
    while(1){
        AD_val=A_D();
        int=(AD_val)/51;
        Dec=(AD_val%51)*100/51;
        display1(Int);
        display2(Dec);
        delay n ms(250);
    }
}
```

A/D 转换仿真操作过程

A/D 转换仿真结果演示

附录 H　电子密码锁实验

H1　实验要求

（1）了解矩阵式键盘的工作原理。

（2）掌握用Proteus软件仿真利用矩阵式键盘实现电子密码锁的方法。

（3）掌握用矩阵式键盘实现电子密码锁的编程方法。

H2　实验描述

随着物联网技术的高速发展,家庭密码锁的应用也越来越广泛。本实验要求从矩阵式键盘输入6位数字密码123456,输入数字时有按键提示音,当密码输入正确并按下OK键后,发光二极管被点亮,如果密码不正确,就不执行程序。这是一个趣味实验,通过常见的密码锁来激发读者对单片机的学习兴趣,使读者进一步掌握矩阵式键盘的编程以及应用。

H3　硬件原理图绘制

图H1是电子密码锁实验的硬件原理图。

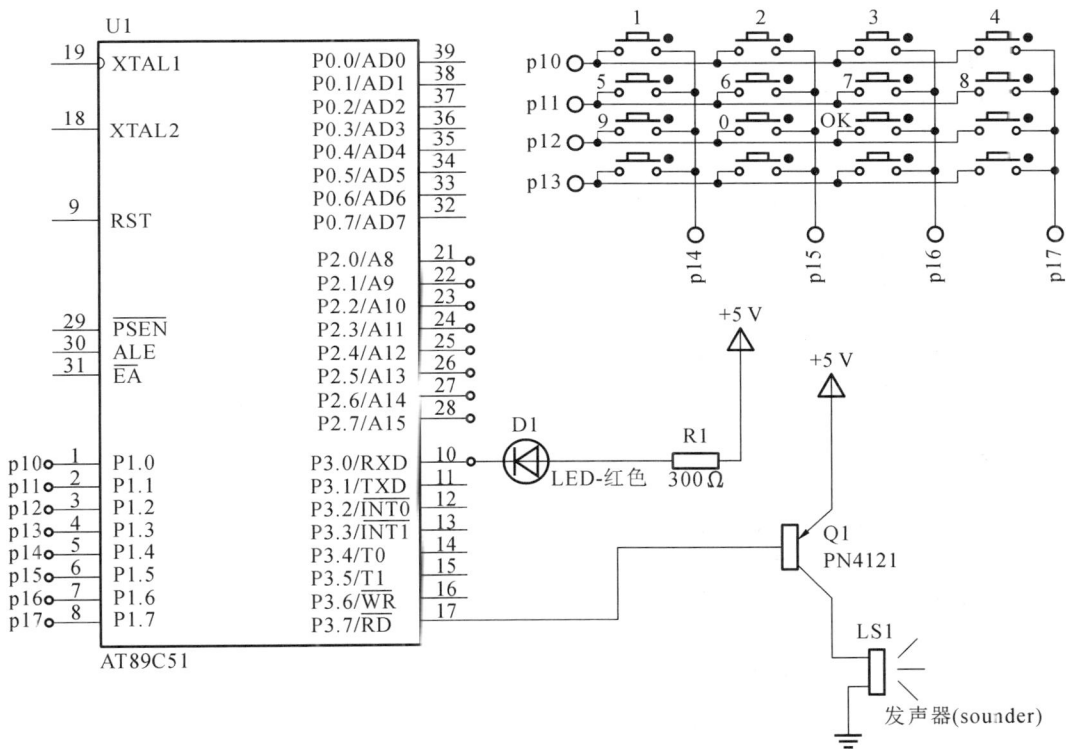

图 H1　电子密码锁实验的硬件原理图

H4　程序编译

电子密码锁实验程序如下。

```c
#include<reg51.h>
sbit P14=P1^4;
sbit P15=P1^5;
sbit P16=P1^6;
```

```
sbit P17=P1^7;
sbit sound=P3^7;
unsigned char keyval;
void delay(void){
    unsigned char i;
    for(i=0;i<200;i++);
}
void delay 20 ms(void){
    unsigned char i,j;
    for(i=0;i<100;i++);
    for(j-0;j<60;j++);
}
void main(void){
    unsigned char D[]={1,2,3,4,5,6,11};
    EA=1;
    ET1=1;
    TMOD=0x10;
    TH1=(65536-500)/256;
    TL1=(65536-500)%256;
    TR1=1;
    keyval=0xff;
    while(keyval!=D[0]);
    while(keyval!=D[1]);
    while(keyval!=D[2]);
    while(keyval!=D[3]);
    while(keyval!=D[4]);
    while(keyval!=D[5]);
    while(keyval!=D[6]);
    P3=0xfe;
}
void time1_interserve(void)interrupt 3 using 1 {
    unsigned char i;
    TR1=0;
    P1=0xf0;
    if((P1&0xf0)!=0xf0)
        delay 20 ms( );
    if((P1&0xf0)!=0xf0){
        P1=0xfe;
        if(P14==0)
            keyval=1;
        if(P15==0)
            keyval=2;
        if(P16==0)
            keyval=3;
        if(P17==0)
```

```
                keyval=4;
            P1=0xfd;
            if(P14==0)
                keyval=5;
            if(P15==0)
                keyval=6;
            if(P16==0)
                keyval=7;
            if(P17==0)
                keyval=8;
            P1=0xfb;
            if(P14==0)
                keyval=9;
            if(P15==0)
                keyval=10;
            if(P16==0)
                keyval=11;
            if(P17==0)
                keyval=12;
            P1=0xf7;
            if(P14==0)
                keyval=13;
            if(P15==0)
                keyval=14;
            if(P16==0)
                keyval=15;
            if(P17==0)
                keyval=16;
            for(i=0;i<200;i++){
                sound=0;
                delay( );
                sound=1;
                delay( );
            }
        }
    TR1=1;
    TH1=(65536-500)/256;
    TL1=(65536-500)%256;
}
```

电子密码锁仿真操作过程

电子密码锁仿真结果演示

参 考 文 献

[1] 杨居义.单片机原理及应用(C语言)[M].北京:清华大学出版社,2014.

[2] 马忠梅.单片机的C语言程序设计[M].4版.北京:北京航空航天出版社,2007.

[3] 郑晓静.基于单片机的交通信号灯控制系统设计[J].长江工程职业技术学院学报,2013,30(3):32-33.

[4] 郑建光,李永.基于AT89C51单片机的交通灯系统设计[J].自动化与仪器仪表,2008(6):30-33.

[5] 曹纯子,李业德.基于单片机的智能交通灯控制器设计[J].山东理工大学学报:自然科学版,2011(3):105-107.

[6] 杨华,张莹.十字路口交通灯控制系统的设计与实现[J].实验室科学,2015(5):11-13.

[7] 刘少聪,赵静,丁浩.基于单片机的交通信号灯控制系统设计[J].数字技术与应用,2011,29(6):122-125.

[8] 吴国文.基于AT89C51单片机的交通灯控制系统设计与仿真[J].现代电子技术,2012,35(5):144-146.

[9] 宁雪辉,段元梅.基于单片机的十字路口交通信号控制系统设计[J].无线互联科技,2022(2):45-46.

[10] 邹智恒,钟靓,刘含超,等.基于单片机的十字路口交通灯控制系统设计[J].机械研究与应用,2019(5):157-159.

[11] 谭明.基于单片机的智能交通控制系统研究[J].黑龙江交通科技,2023,46(6):180-182.

[12] 吕凤翥.C语言程序设计[M].北京:清华大学出版社,2006.

[13] 胡汉才.单片机原理及其接口技术[M].2版.北京:清华大学出版社,2006.

[14] 刘守义.单片机应用技术[M].2版.西安:西安电子科技大学出版社,2007.

[15] 李全利,仲伟峰,徐军.单片机原理及应用[M].北京:清华大学出版社,2006.

[16] 何希才.常用集成电路应用实例[M].北京:电子工业出版社,2007.

[17] 陈有卿.通用集成电路应用与实例分析[M].北京:中国电力出版社,2007.

[18] 王效华.单片机原理及应用[M].北京:北京交通大学出版社,2007.